台灣有機茶地圖

葉思吟・吳治華——著

壹

推薦序　茶、人與大地共譜的大愛交響曲

這是一本包含婆媳、夫妻、父子深情，是人與人、人與土地大愛的交響曲，也是有機茶知識的小百科。

茶是國人重要飲品，也是台灣數百年來重要的外銷產品，台灣茶的品質早已蜚聲國際。近年來雖然國人喝咖啡風氣盛，但台灣茶仍擁有一片天，是嬰兒潮以上，我輩天天必備飲料。我一向深愛台灣茶，尤其是高山茶，也正是本書大部分篇章所描繪的阿里山和鹿谷一帶出產的烏龍茶。每天，以滾燙熱水沖一杯烏龍，看茶葉伸展，蒸氣上升，再品茗清澈的茶湯，這才是真正美妙一天的開始。

詠志須有知，品茶須同好，能跟老同學泡茶聊往事至樂也。治華跟我是三十多年的老同學，他是政治系班上的文藝青年，興趣廣泛，畢業後最早投入新聞界的同學。張所鵬、陳學聖等人跟進，後來我也輾轉步他們後塵，進入新聞界。治華早悟道，退出江湖，不僅移民高雄，也開始在台灣山林中奔走。讓自詡愛台的我很羨慕他的瀟脫和逍遙。

感謝治華及其夫人思吟合作撰寫《台灣有機茶地圖》一書的深度報導，帶領我神遊梅山太和、鹿野、松柏嶺等等平常只在茶罐上看到的地名，也讓光說不練的我稍稍了解「慣行」和有機的差別。聽到台灣其實也有農友開始和土地搏感情，要讓養育我們的大地休息，這些訊息令人欣慰，畢竟我們忽視土地母親太久了。

書中的茶農許多是八八風災後轉型，他們打拚的艱辛、百折不撓的精神令人敬佩。書中每位主角無私分享撇步，充分展現台灣人心之美。期待有機茶能得到市場更大支持，成為台灣茶葉的主流。

民視新聞部　副理

貳

推薦序

與有機共舞的尋茶師

「幫忙寫序？有沒有搞錯？」

接到葉子要我幫她即將出版的書寫一篇序的電話，雖然嘴裡說著沒問題，但心中直接浮出這樣的口白文。

會驚訝，是因我並非啥名人，不是偶像，沒有大堆粉絲在跟隨、信仰。我寫序，要拿去當宣傳行銷，不會有一堆人看到我的名號就盲目購買，能否受到讀者青睞，還是要靠作者自己的用心和功力。再來是，我跟葉子，熟，但不是非常熟，她的抬愛，讓我受寵若驚。但，就因對她的印象，我二話不說，決定接下這個額外工作。

認識葉子，是她採訪、報導「舞麥窯」跟我。

有些人，見過、聊過，時間過了，印象也過了。葉子，真正見過、聊過，應該只有一次，她帶著助手到舞麥窯採訪。那認真的態度和尋找好食物的精神，時間過了，印象並沒隨時間消失，而是一直深刻腦海。

看了葉子和她老公的書稿，沒有華麗、油膩的文藻，不像一般介紹食材及人物的書，用太多的文字綴飾，反倒讓人看不出重點，且看多心裡會有反胃、看不下的反射動作。讀著她的文字，有著貼切、真實的情感，腦中不時浮出她那認真，用心的模樣。

他們介紹的茶園遍布全台「大江南北」，我想著彷彿有對以相機和筆代刀代劍的俠侶，在山野綠林間穿梭，為的是尋找心中的那個「鑄劍」（製茶）大師。而他們終究篩選出心中理想的三十多處茶園，要幫的不只是用心種茶、製茶的茶農，還有眾多愛喝茶的朋友。

茶道，我不是很懂，但茶的好壞，以我「多愁善感」的舌頭來說，多少喝得出一點眉目。但以台灣地窄人稠和消費者多年被誤導的習慣來說，種有機茶，真的需要一點修道的精神和毅力。

做農的和做吃的一樣，都是良心的事業，只有主事者知道他生產的是怎樣的產品，只有他自己知道有沒有做到全標準的有機。

但是，好東西要怎樣讓更多的好消費者知道，卻是生產者最頭痛的問題。這時，葉子就是俠士，以認真、嚴謹的生活態度，讓更多愛喝茶、愛喝好茶的朋友們知道哪裡有用心好喝的茶可買。

希望葉子和她老公的這本書《台灣有機茶地圖》，就像電台的空中電波一樣，能讓用心和堅持的生產品與期待好物的消費者，調到同一頻率上，大家共同往好的方向走，健康了人，也善待了我們的土地。

舞麥窯 張源銘

叁 推薦序

源自於對一杯自然好茶的渴望

在台灣，東方美人茶可能是一般消費者最早切入有機茶的想像。茶樹必須與蟬蟲共存，才能產生美人茶特殊香氣與高雅的韻味。在芒種節氣時，那小到肉眼都難察的小綠葉蟬特別活躍，茶菁嫩芽經牠吸吮汁液後，茶樹為了生長與生存，在歷經過可能數百年的演化，茶菁嫩芽透過異常代謝途徑自體生成一種特殊的香氣，而這種特殊成分在極低的濃度下，即可引誘一種叫「白斑蜡蛛」的小綠葉蟬天敵，靠牠循著氣味覓食小綠葉蟬。從這一段自然界中茶與蟬蟲共存的緊密關係中我們可以得知，天地有它自然的軌跡在運行，自然有它微妙的力量在平衡。而自古被喻為「靈芽」的茶，隨著人類經濟競爭已改變了它的生長環境，人們為了快速成長不當施肥，為了防蟲害得灑藥滅殺，當茶園管理淪為惡性循環，土地就漸漸地失去原有的活力。

十年前，我順緣進入茶的專業雜誌，生長著台灣茶的山頭一座座地繞，茶區一畝畝地走，讓人很欣喜，我看到了茶農對土地與環境的覺醒，在當時已有人著手開始從事有機茶。環顧茶區，有人是因為理想、有人是因無奈而轉型的境實，有人是因天災而找到原始……而無論是那種因緣種植有機茶，這都是一條極具艱辛的漫漫長路。

台灣自一九八九年茶改場試行有機茶種植迄今，已有四分之一個世紀，有機茶的種植面積近幾年已大幅增加，達約四百公頃。這其中不乏是因土地環境與子孫永續經營的考量，而不得不走的志業。而就大茶區走向有機的機緣而言，坪林、名間、台東等茶區，大多是因競爭力弱，得面臨轉型；埔里則因九二一地震、梅山因八八風災，由於天然的災害試圖轉而找回茶的自然生態。現今，台灣茶正處於憂喜參半的處境，憂的是正面臨進口茶的衝擊，喜的是大陸龐大的市場規模，而無論是那種因素，對台灣有機茶來說，應該都是正向的能量與機會。

此時此刻，正是台灣有機茶市場正要萌芽開花之際，這本有機茶的專書問市，對台灣有機茶如同早陽春光。本書作著葉思吟與吳治華均是專業的新聞人，以他們敏銳的觀察力，細膩的思維，將每個有機茶農的背後故事娓娓道來。隨著這本書的筆觸，讀者很容易進入有機茶的世界，體察到自然世界的豐富與自在，感受到茶農艱辛的堅持與滿足。作者以深入淺出、出神入化的描景繪人，讓人拾起閱讀，輕鬆神遊於自然山林裡，深刻體認真正的「有機」意義，並在字裡行間與迷人影像中，讓人多一份心思細細品味原生在這片土地上的甘甜與美好。

台灣，是一個跨坐於北回歸線最大的海島，這溫帶與熱帶的交接處，群山萬壑給了氣流最佳的靈動，雲霧給了茶樹最佳翠綠與鮮活，這樣的好山好水孕育出世界獨特的茶之風味。期望透過這本《台灣有機茶地圖》的出版，讓台灣的有機茶一步一腳印，如同它的成長環境一樣，根深於福爾摩沙這片土地，也靜待自然農法飄出深層的一杯茶之香與韻。

《茶藝》雜誌總編輯 羅英銀

壹

自序

另類，走對的路

「轉型有機茶領域後，我才第一次開始思考怎麼除草，以前也很少在茶園裡看到蟲」，這出自資深茶農的一席話，始終縈繞在我腦海中。原來，我們以為農產品就該是來自天然土地與上天所賜的諸種印象，不過就是想像而已。

好比我們習以為常認定的茶園景觀，尤其是透過數不盡攝影者所拍攝的「經典」採茶時節畫面：葉片上沾著露水的嫩葉、全身包著花布的美麗茶娘、整齊劃一的綠坡，也不過是一種「假面」，其實是經過人工排列、包裝、複製後的不自然景象。

在前後長達兩年的採訪有機茶農旅程中，大大顛覆過往對於茶與產業的種種迷思，從對茶園該設在山坡地、雜草會否影響茶樹生長、未施農藥如何保住定量的茶葉採收量，乃至於有機茶是否比較難喝等五花八門的提問，透過翻山越嶺的採訪過程，獲得了明確解惑與重新理解。

不同於傳統上「慣行茶」農友所追求的高效率與高收益，有機茶農最在乎的，反而是如何讓土地獲得喘息，如何在生態平衡與滿足基本生存需求中，實現自己想要過的生活……他們除了投入研究不施灑農藥的種植良法，更以盡可能減少干擾土地、降低農務時間為最高目標。也就是說，作為一位有機茶農，他們所實踐的，是一種在資本主義當道的價值觀下，勇敢做自己、淡泊名利、不隨波逐流的生命樣態。

不只是生命樣態，有機茶農種植區往往格外獨立、不從眾，因此，路遠還要更遠、坡陡還要更陡，尤其是阿里山茶區一帶，往往能見到曾經的災難恐怖現場，加上徹底隔絕施灑農藥區的需求，在有機茶農的帶路下，我們幸運地造訪台灣多處未曾踏足、忍不住驚嘆「原來還有如此世外桃源」的美麗境界。

翻山越嶺，對喜愛登山的我來說，還不成問題，能夠因此深入生態豐富、鮮少人煙之境，反而備覺感恩；然而，更大考驗，卻是在天候變化上；我們曾經在翻越合歡山時，遇上大雨濃霧；好幾回在拜訪茶農前，受到雷陣雨威脅，不過，總能逢凶化吉、甚至在抵達目的地時奇蹟放晴。這時候，總會默默地想，也許這就是老天應許我們該完成的事吧！

人性互動的真誠，則是探訪有機茶農過程中，另一段「真善美」的體悟。猶記得第一次拜訪有機茶園時，專注於拍攝，不慎一腳踩上「牛糞池」，那一剎那，我還不懂自己做了啥事，茶農卻已經臉色發白，深怕我陷入無法自拔，趕緊呼喊我如何自救。事後，他更告訴我，當時最怕的，其實是我不小心踩到糞池邊的毒蛇！只能說，在有機生態環境中，蟲鼠蛇蟻出沒均屬正常，該學習與轉變的，反而是人類已經忘記「自然原本該是什麼樣貌」的認知態度。

在往返梨山七邦茶園路程中，時值春茶採收期間，不藏私的茶園主人開放我自由拍攝；然而，前往茶園的路程絕非一般人能夠想像，不只穿過部落陡峭果園，越過綠川碧湖，這一條汽車無法進入的小徑，我還差點害自己與好心騎重機搭載我的女生跌落山谷，幸好只留下皮肉傷，以及事後無窮回味。

回想這一路，經由這許多點滴相處，讓我進一步體會台灣茶農，以及上下游相關茶葉工作者的辛勞與良善單純。「做自己」，坦白說不容易。尤其在整體環境和集體觀念未改變下，有機茶葉依然難逃主流評價和產業剝削的困境，然而，正也因為路途不易，有機茶農的堅定與信念特別顯得可貴。每一次的探訪，在收藏豐富動人的生命故事之際，亦更堅定要做對的事。

最後特別感謝陶藝家曾泰祥提供茶具攝影，亦感恩劉少儀、蔡恩祥、徐香媚與莊可圓協助打字。

葉思吟

貳 自序

「寧靜革命」──台灣有機茶園的沉默進行式

「有機」，這是近二十年來在台灣食材市場，越來越為人所周知的名詞，似乎被冠上「有機」後，食材就變得健康、安全，甚至身價也金貴一等，所以包括菜蔬、水果、肉品都有不少農友、企業投入從事「有機栽培」。姑不論其出發點為何，只要秉持「有機」原則、規範進行產植，我個人是極為樂見對人體無負擔、對大自然無危害的食材能提供給消費大眾，而且在「健康有價」觀念漸趨普及的今天，已有不少消費者認同多花點錢守護家人健康是值得的。

不過，在這一片前景看好的有機食材市場中，「有機茶」卻未能像其他食材般深入人心，一般茶客仍習於購買所謂傳統的「慣行茶」，即種植過程不免噴藥、施肥的茶葉，如隨機問一位消費者對茶園景觀的印象，十有八九都會說「喔，那一層層、一球球、一畦畦整整齊齊的矮綠灌木叢就是茶園嘛！」沒錯，台灣茶園普遍樣貌就是如此，這也意味台灣茶園大多是「慣行茶園」，而台灣茶市場賣的茶葉也以「慣行茶」為主流。

而「慣行茶」茶園會長得這麼「美觀」，原因無他，主要是便於噴藥、肥土、殺蟲、除草、採收，茶葉品質易掌控，產量也穩定，當然收益自不在話下。

固然，在台灣茶內外銷都很夯的年代，茶農茶商是賺到了，但茶市場卻不是一直如日中天的，當茶行情疲軟時，茶農或因老邁、健康因素無力再經營偌大茶園，便喚回在外打拚的兒女返鄉接棒，而這群曾在都會工作的「新農」接手茶園後，卻開啟了台灣茶園的「寧靜革命」，從北到南、從東到西、從山坡到谷地，「有機茶園」一甲一甲地開展，這些平均年齡四十出頭的新茶農，有半路出家學種茶的，有承接家傳農技而種茶的，不管原本會或不會，他們踏入「有機茶」這條跑道的心路歷程倒有一個共通點，就是「名利放兩旁，健康擺中間」。

總之，大家都體認這不是一條發財路，反而認知到繼續走這條路非得有超然物欲、淡泊生活的意志，當然也有人因不忍見台灣土地被化肥侵蝕、山林水土被追逐暴利的農商破壞，寧可用最原始、最自然的農法經營茶園，套一句一位有機茶農的話：「要為台灣留一方淨土，要為台灣茶留一株原汁原味的老欉。」

就一個對「茶產業、茶品味」都是門外漢的我而言，這次採訪有機茶農的經驗真是一段奇妙的旅程，雖然他們分布地點東南西北中都有，而且十分不連貫，每每走到山坳裡、坡峰邊、台地上看到的是一條條想都不曾想過會走的路，真的走進去看到的盡是生機盎然的綠野農林，也不時驚嘆台灣生命力無所不在的可貴，每與農友一席談就讓我多學到一些心法竅門，也多認知一些有機茶市場現況與產業發展問題，不敢說已窺全豹，但至少能讓普羅大眾對這株在台灣茶產業中仍屬於嫩苗階段的有機茶產業有所認識，也讓大家多少能體會有機茶農的甘苦。

再怎麼說，我與這些有機茶農互動後，已萌發了一個共同念想：希望台灣未來所有人都能過有機生活，讓台灣成為一個有機島，這樣才不負「寶島」之美名。

吳治華

目次 contents

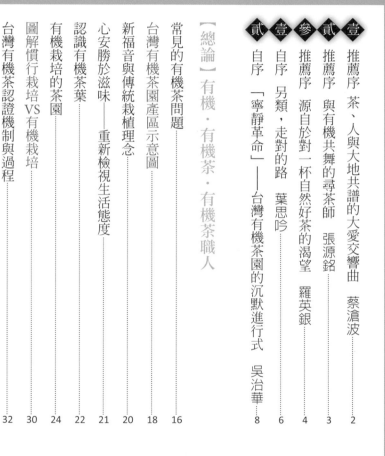

【台灣有機茶區—北部】

【台灣有機茶區—中部】

【台灣有機茶區—南部】

〔阿里山茶區〕

有機・有機茶・有機茶職人

有機　是大自然說禪

有機茶　是以心命灌溉的葉脈氣韻

有機茶職人　是心靈與大地的耕耘者

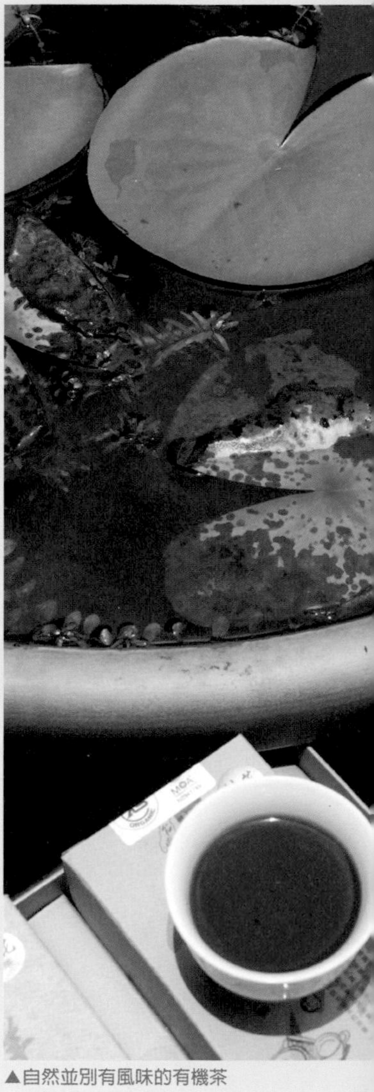

▲自然並別有風味的有機茶

「有機」兩個字，在台灣社會已經越來越常見，幾乎在農產品相關領域，甚至非農產品相關領域，這兩字可說有些被過度頻繁使用，乃至於許多人聽到「有機」兩個字，第一個反應往往是「真的嗎？」、「台灣應該沒有真的有機吧？」諸如此類反應。

然而，在台灣這塊狹小土地上，真正奉行或者努力經營有機茶農園的人，從來未曾消失過，他們也許不刻意標榜自己正在做的事情，或者未如大眾預期地申請有機核認證，但對於友善土地、創造無毒茶園，以及堅持自然農法等信念，隨著自然環境遭受破壞越來越嚴重、食安問題越來越被重視，他們更加篤定地實踐著，從心靈到外在形式進行全面改革，並在行有餘力下，無私地大力推廣。

常見的有機茶問題

常見的有機茶問題不外乎：「喝起來淡而無味？真的可以不灑農藥嗎？被蟲咬過的葉子還能製茶？為什麼價錢比慣行茶葉還要貴？」等問題。而這些疑問，也在我們進行採訪之初，經常在腦海中反覆思索、提問。經過幾番的討論與請教各方職人專家後，慢慢釐清對於有機茶的想像與爭論，更有趣的是，逐漸發現這批職人各具個性，對採收與茶品製作上自然別有風味，反映在有機茶園管理上尤其自成一格。

如果慣行茶已經成為當代台灣茶園的普遍性，那麼，有機茶在當代產業中，即是所謂「另類」表徵。而這樣的「另類」，意味著非主流，或者不隨波逐流，茶農根據自己所奉行的栽植與製茶理念，落實在農園管理和茶品銷售上，進而創造出多元、對抗主流價值的茶葉想像。

▲有機茶是觀念與施作的大革命

連記茶園 P.258	
茶種	青心烏龍、金萱（有機轉型認證合格）
產製	紅烏龍、佛手、鐵觀音、武夷、烏龍

富源茶園 P.318	
茶種	金萱、台茶18號、大葉烏龍
產製	蜜香紅茶、綠茶、烏龍茶

阿榮自然茶園 P.288	
茶種	青心烏龍、翠玉烏龍、大葉烏龍
產製	蜜香紅茶、紅烏龍、自製手工茶

觀心農場 P.268	
茶種	青心烏龍、金萱、杭菊
產製	紅烏龍、蜜香紅茶、綠茶、菊花茶

茶改場台東分場 P.278	
地址	台東縣鹿野鄉龍田村北二路66號

大峰茶園 P.298	
茶種	金萱、台茶12號、大葉烏龍
產製	紅烏龍、蜜香紅茶

阿古師茶園 P.308	
茶種	青心烏龍
產製	摩天嶺高山茶、紅烏龍

澄舍有機茶園 P.250	
茶種	青心烏龍、金萱、翠玉
產製	烏龍茶、紅茶

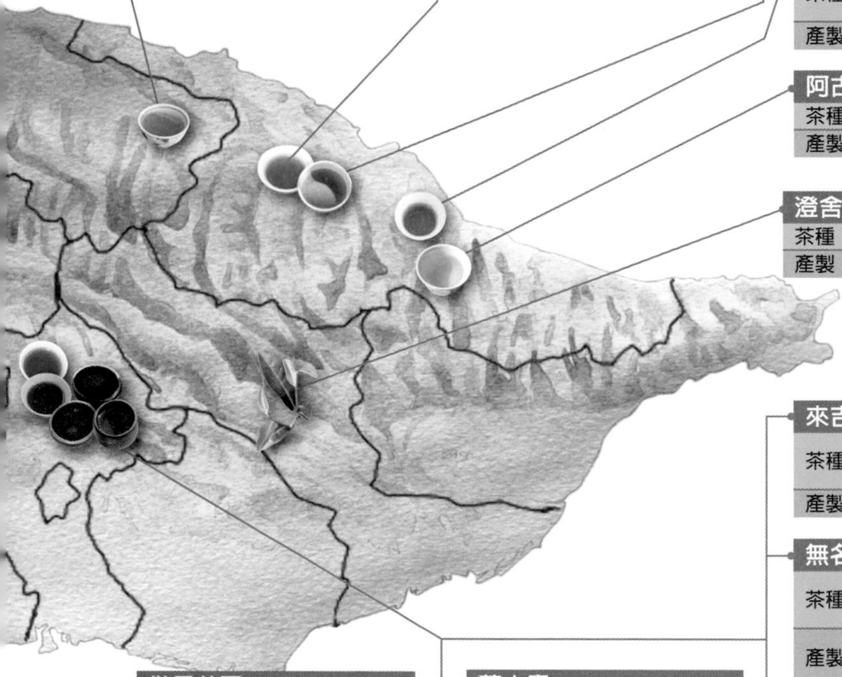

來吉山豬茶 P.218	
茶種	青心大冇（即大葉烏龍）、青心烏龍
產製	手作紅茶

無名茶園 P.224	
茶種	青心烏龍、台灣山茶（六龜種）
產製	高山烏龍、大吉嶺紅茶

供足茶園 P.190	
茶種	青心烏龍
產製	野放烏龍、高野虹（紅茶）

葉人壽 P.202	
茶種	清心烏龍
產製	手作琥珀紅茶、清心烏龍茶

一品茶園 P.232	
茶種	小葉種青心烏龍
產製	小葉種手作紅茶

雲鄉茶園 P.196	
茶種	青心烏龍
產製	阿里山茶、手作特色紅茶

耕園茶園 P.210	
茶種	阿里山野桑、台桑二號
產製	有機養生桑葉茶

游芭絲茶園 P.240	
茶種	金萱
產製	留香紅茶、蜜香紅茶、紅香紅茶

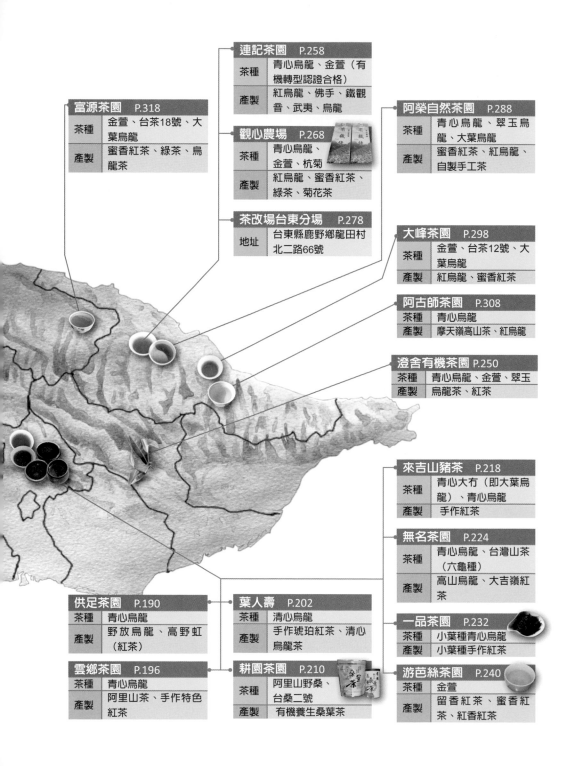

台灣有機茶產區示意圖

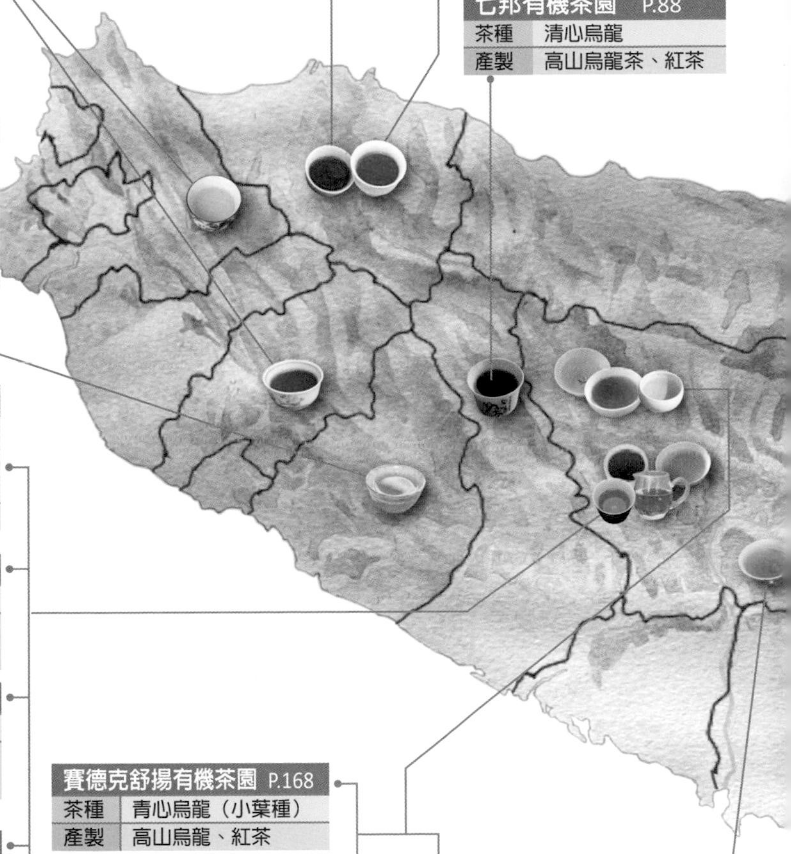

王有里有機茶 P.56

茶種	清心烏龍；台茶12、13號；四季春；大葉烏龍
產製	文山包種、東方美人、紅茶、綠茶

三泰有機農場 P.36

茶種	金萱、翠玉、武夷山茶、烏龍
產製	金萱茶、烏龍茶、綠茶、蜜香紅茶、焦糖紅茶、炭焙烏龍、茶籽油、茶籽粉、綠茶粉

祥語有機農場 P.46

茶種	金萱、烏龍、佛手、翠玉、武夷山茶
產製	烏龍、綠茶、紅茶

佛山有機茶園 P.76

茶種	台茶12號
產製	東方美人茶、白茶、紅茶、綠茶、烏龍茶

七邦有機茶園 P.88

茶種	清心烏龍
產製	高山烏龍茶、紅茶

日新茶園 P.66

茶種	青心烏龍、大胖烏龍、台17號紅茶
產製	烏龍茶、綠茶、紅茶、東方美人茶、酸柑茶

怡香有機茶園 P.100

茶種	四季春、金萱、翠玉、台茶18號、台茶8號
產製	烏龍茶、綠茶、紅茶

名倫有機茶園 P.110

茶種	台18號茶大葉種
產製	手工紅茶與機器產紅茶

村野自然生態茶園 P.114

茶種	四季春
產製	四季春綠茶（村野茶）

賽德克舒揚有機茶園 P.168

茶種	青心烏龍（小葉種）
產製	高山烏龍、紅茶

三淨生態茶園 P.130

茶種	金萱、翠玉、大葉烏龍、台18紅茶
產製	半發酵烏龍（分輕、重烘培）、紅茶

銘記茶園 P.120

茶種	青心烏龍（軟枝）
產製	高山烏龍茶、紅茶

日嶺茶廠 P.160

茶種	軟枝烏龍、小葉烏龍
產製	手做蜜香紅茶、高山烏龍茶

佳田茶園 P.140

茶種	小葉種金萱、四季春
產製	烏龍、綠茶、紅茶、蜜香紅茶

春秋茶園 P.150

茶種	青心烏龍
產製	清香高山茶、炭焙烏龍、蜜香紅茶、紅茶

歡喜圓有機茶園 P.178

茶種	青心烏龍
產製	烏龍茶

新福音與傳統栽植理念

如同近來常有人提起台灣茶產業未來，經常挪用文創概念，強調若想突破大批發與低價促銷的越南茶衝擊，不妨比照法國葡萄酒莊園概念，鼓勵茶農轉向精緻品牌、永續發展方向。這乍聽下彷彿「新福音」的做法，其實長期以來，始終是大小茶農追求的一大目標，只不過在市場因素考量下，這個原本理所當然的事情，卻在優先考量如何獲取最大利潤情境下，讓夢想與現實漸行漸遠。

幸運的是，台灣依然留有一群堅持做自己的茶農們。他們或許因為親身經歷醒悟、受到大自然劇變衝擊、感受生命無常覺察，即使面對外在生存壓力，仍能守住清貧，從信仰支持與降低生活慾望上，不放棄做為一位茶農「當為所當為」的初衷。換言之，避免農田汙染與對消費者負責的信念，對於有機茶農來說，遠比追求富貴和便宜行事來得重要，一切本心，發乎善念，也止於善心；他們深信在天地循環間，有比追求財富更重

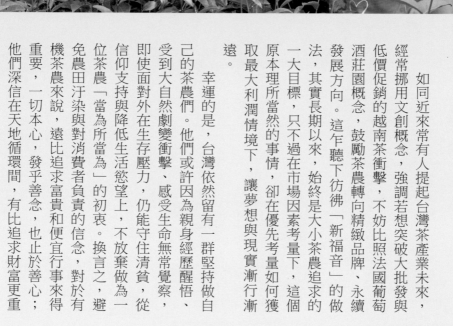

▶有機觀念需從小培養，祥語有機茶園從茶園體驗入手
▼宜蘭祥語有機茶園，座落於有機社區中
▼▼一杯有機好茶，背後有不同凡響的故事

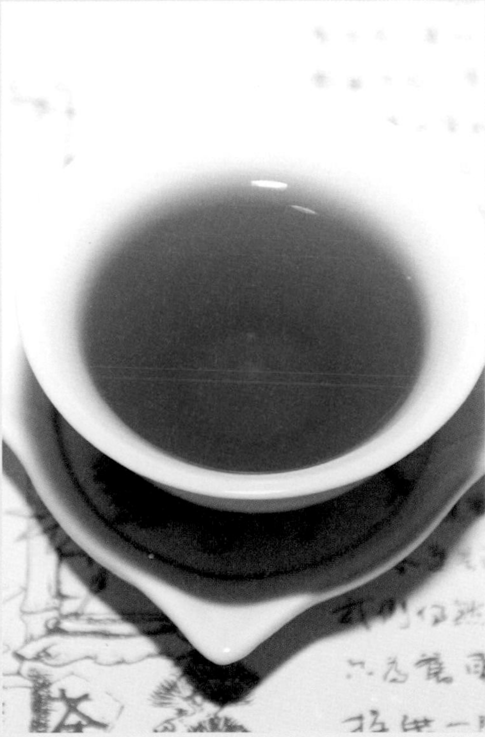

要的事情，而既然作為農民，看天吃飯、但求溫飽，永遠是這行業亙古不變的哲理。

心安勝於滋味——重新檢視生活態度

古人說：「禍從口入」。無論是愛喝茶或者僅止於淺嚐的消費者，理當關注每天入口的食物來源，除了在乎滋味肥美與否的口腹之慾外，追根究柢的食材來源與製作過程的安全性，才是最根本、不可忽略的課題。本書所拜訪採寫的三十二位茶農，在分享投入有機茶領域的過程時，無不提起，當代人受到快速飲食文化影響，表面上看起來似乎遍嚐山珍海味，然而，卻是早已忘了食物原本真正滋味，對於茶品的香氣亦是如此。

一杯茶好喝與否如何判定？為了追求茶香極致，是否任何手段皆可接受？一杯茶

◀重視茶葉本身對人、對土地、對環境的影響，不噴藥、不施肥、不灑除草劑之自然農法已是世界趨勢。圖為日新有機茶園一景

的價值好壞如何判定？我想，透過有機茶職人們的反覆思辯，以及重新檢驗早已被認為「理所當然」的本質發問，無非是貫穿這本書的主要精神內涵。我們不談製茶技術好壞，不拘泥有機茶是否完全符合眾所期待的標準，更不評論茶滋味好壞，僅僅從一位對於有機茶感到好奇的素人角度出發，真誠地描繪有機茶農職人群像，傳述這些人對有機茶的期待與分享，以及深刻的生命故事，並提供台灣茶產業與文化價值上更豐富、有機和多元的思考。

認識有機茶葉

柴、米、油、鹽、醬、醋、茶為人的開門七件生活要物，茶列為其中之一，顯然其重要性不言可喻。從古至今，茶葉也一直不失職的在中華民族歷史上，扮演了不可或缺的角色。不論在國家對外貿易上、人民生活上，乃至家庭經濟收入上，都看到茶葉的影子，尤其在台灣這個地小人稠的寶島，茶葉的種植與經濟效益，更占了農產品一定的比例，且因茶葉是一種沖泡型的飲品，喝下肚的品質與成分攸關飲者的健康，所以在追求茶葉所帶來的經濟價值外，也應重視茶葉本身對人、對土地、對環境的影響。

二十世紀中期，已有一些農友分別在英國、德國、日本率先力行以不噴藥、不施肥、不灑除草劑之農法，進行農作物栽培及農田管理，這些先行者的理念不外乎「讓土地、作物與自然融為一體」，但在那個時期，國家、社會乃至於個人都汲汲營營於「增產報國」，舉凡不能提升單位農地產能的農法，被接受、推廣的可能性幾近於零，如此觀念一路傳輸，直到上世紀末期約八〇、九〇年代才漸漸有不一樣的發展。

台灣的有機農業起步相較於一些「先行國」而言是算晚的，但是台灣有一個對於

有機農業發展，既是缺點又是優點的特性，因為台灣耕地面積並不大，且在之前大多不是採有機農法耕作，農田地力日漸流失，地下土層、水質有汙染之虞，不利作物成長，加上部分台灣農產品加入WTO之後，對進口入台的他國農產品有價格競爭的弱勢，在入不敷出的壓力下，不少農田遭到閒置、休耕。一些關心台灣土地、自然環境的社會人士，在聽聞聯合國糧農組織發布的「地球糧食危機」警訊後，經過一番探索，發現問題的癥結在於農田土地，因農地在長期以人為介入之法提升地力後，多呈強弩之末，若希望再生農作，必須施以更強大的外力介入才有可能；再者，農田休耕面積逐年增加，台灣自給供應的糧食作物自然銳減，欲化解此難題，就應以治本之道進行，而「善待農地」就是他們提出的概念。

「有機」顧名思義是相對於「無機」而來的。在農業範疇，所謂的「無機」就是以人為、外力介入農作物生產，運用非自然成分助長、除蟲、除草，意即農作物生長所在農地，像一塊人工海綿般，除了吸收外來成分轉輸給作物外，本身無力提供作物任何養分，更嚴重的還有可能因

◀有機茶園附近的古厝
◀▼有機茶園加入「善待土地」的一員
▶有機炭培烏龍茶

長年非自然成分的堆積沉澱，影響作物所含物質。

而「有機」就是揚棄一切會破壞自然環境、土質、水質的農法，還作物一個真正自然的成長環境，讓農地與作物形成和平共處、互利互惠的雙贏局面。這種對環境友善的耕作農法，不只重視農業生產的質，也欲透過地力恢復的農田營造出農產的量，進而打造人們的和諧生活與自然環境的生態平衡，「有機茶」就是在這個趨勢下應運而生的作物。

有機栽培的茶園

茶園有機栽培其實就是不使用化學合成農藥及肥料來生產茶葉。在作物成長所需養分部分，有機農法可使用符合農政機關規範許可的有機質肥料供應，或是完全不依賴任何人力澆肥，依循大自然運作法則，讓作物在農地本身養分供輸下自然成長。在病蟲害防治方面，則需採非化學合成農藥之法，諸如生物防治法、人工捕捉法、物理防治法、植栽管理法等均可。甚至完全放任蟲害孳生，只靠自然界的「天敵」原則，即「一物剋一物」之道來抑制蟲害也可，雜草的管理亦然，均需採非農藥方式，眾所周知「除草劑」為害人或土壤、水質均有例可循，像在越戰年代美軍使用的「橘劑」就是一種除草劑，而此「毒物」對越南人民之害至今仍難以免除，被「橘劑」噴灑過的土壤，至今仍廢耕寸草不生，所以有機農法的雜草管理是一定不能用除草劑的。

一座茶園有機化的過程，大體不外輔導實施、生產認證、審驗規格三步驟：

首先，實施準則規範，茶園必須是空氣、水質與土壤均無汙染的環境，有機茶農須善盡防汙工作，若鄰田農法有汙染之虞，有機茶園耕作者就須進行隔離、遮蔽，若地下水層或灌溉渠道水質有汙染可能，就應設法分離、過濾，盡全力防止有機茶園水質蒙汙、若農田土壤因之前非有機農法導致含有重金屬等不良成分，就應讓農田休養一定年分，俟土質層不當元素經自然循環而流失或分解殆盡後，經檢驗無任何汙染始得耕作。

其次為施肥的規範，純有機農法茶園，絕不能使用合成化肥或生長調節劑（即含生長激素之肥料），若使用無汙染之有機質肥料或種植可轉化成綠肥之作物，必須為期三年以上，才能被定義為純有機產品。

第三為病蟲害的規範，純有機農法茶園完全不使用化學合成農藥防治病蟲害。

1

▲以綠圍籬區隔有可能發生的汙染

2

▲有機茶園的開闢須檢驗無汙染，並待認證通過

3

▲台灣有機茶園可見不同的生物防治法。圖為歡喜圓茶園的捕蟲方式

目前認可的防治方式有：

（一）生物防治：如利用赤眼卵蜂防治茶捲葉蛾、溫氏捕植防治神澤氏葉、性費洛蒙防治茶姬捲葉蛾、基徵草蛉、防治小型害蟲及有害蘇力菌、茶蠶、茶毒蛾、避債蛾、尺蠖蛾等鱗翅目害蟲。

（二）物理防治：經茶園中置放黃色粘板可防治小綠葉蟬、刺粉蝨、薊馬、蚜蟲，乾季時可用高壓噴水防治。

（三）人工捕捉法：茶蠶、避債蛾及尺蠖蛾可用人工捕抓奏功。

（四）植栽管理法：利用剪除病株以保持作物健康，保持茶樹畦道適當寬度以保持茶園通風，讓日照能均勻照射於各株茶樹，可免樹的根系及土壤太陰濕。

1

◀蓄養生態水池也是維持生態平衡的一種方式

2

◀佳田茶園利用「光誘導捕蟲燈」防治法誘捕害蟲

3

◀有機茶常見的避債蛾

4

◀保持茶樹畦道適當寬度，讓日照能均勻照射於各株茶樹第四為雜草管理的規範：

（一）人工除草：部分雜草成長速度快，有的會蔓生蓋過茶樹冠頂，有的會孳長環繞茶樹周遭，如雞藤草、雞糞蔓、犁避藤、昭和草、白茅、土香、咸豐草等均須以人工拔除，草藤蔓生過茶樹冠頂應連根拔除，其餘視其干擾茶樹生長情形拔除。

（二）機械除草：蔓長於茶畦道間，妨礙採摘或養分供應的雜草可以機械輔具除之。

（三）地面敷蓋：可選擇穀殼、花生殼、蔗渣、草桿等物敷蓋於茶畦道上，厚度以不超過五公分為宜，以免因鋪蓋太厚影響土壤通氣或遇雨積水現象。

（四）種植綠肥作物：冬季（十一～十二月）茶畦可間作羽扇豆（魯冰）、黑麥草（一年生義大利種），夏季可兼作田菁，均有防治雜草蔓生之效，台灣茶園以間作羽扇豆效果最好。

（五）種植高大健壯樹種於茶園四周可形成遮蔭效果，夏、冬兩季剪枝之枝條可敷蓋茶畦也能防治雜草叢生。

（六）適當選留生長期短、矮生、莖葉軟且匍匐地面、具水土保持功能之雜草，如酢漿草、雷公根等，對茶園土壤及茶樹根系具有保護作用。

▲老農夫在烈日下除草，不為錢而是為了農田

▲機械輔助除草

▲敷蓋於茶畦道上的樹葉

◀加工、分裝、流通等過程也是有機生產的一環，均須經過層層把關

有機茶農就算完全遵守上述實施規範，善盡茶園管理之責，仍不能隨意在其所生產之茶葉上標榜「有機茶」，因為「有機農產品」一詞不可任意使用，國家有立法規範。依據「農產品生產及驗證管理法」定義，「有機農產品」是指在國內生產、加工過程，符合中央主管機關訂定之有機規範，並依法規驗證或進口審查合格之農產品。

也就是說，在台灣要販售「有機」農產品或農產加工品，其生產、加工、分裝、流通等過程均須經過驗證。基於此需求，農委會訂定「農產品驗證機構管理辦法」來認證、監督、評鑑驗證機構，目前公告的評鑑機構為TAF（財團法人全國認證基金會），即對全台灣驗證機構進行監督、評鑑。

4

▲茶畦上的蔓草

5

▲茶園四周的遮避樹，讓茶園彷彿在一片森林中

6

▲具有水土保持功能及保護作用的雜草

圖解慣行栽培VS有機栽培

慣行栽培之茶園

「慣行茶」茶園普遍非常「美觀」，原因無他，一貫的施藥、肥土、殺蟲、除草、採收，致使茶葉品質與產量穩定。但以人為、外力介入農作物生產，運用非自然成分助長、除蟲、除草，農作物生長所在農地，像一塊人工海綿般，除了吸收外來成分轉輸給作物外，本身無力提供作物任何養分，更嚴重的還有可能因長年非自然成分的堆積沉澱，也影響作物所含物質。

有機栽培之茶樹

「有機」栽培法就是揚棄一切會破壞土質、水質、自然環境與生態之耕作方式的農法，還給作物一個真正自然的成長環境，讓農地與作物形成和平共處、互利互惠的雙贏局面。這種對環境友善的耕作農法，不只重視農業生產的質，也欲透過地力恢復的農田營造出農產的量，進而打造人們的和諧生活與自然環境的生態平衡，而「有機茶」就是在這個趨勢下應運而生的作物之一。

▲慣行茶園的茶葉肥厚並整齊美觀

▲慣行茶園的植栽與摘採

▲遠望慣行茶園，可見整齊劃一的茶樹景觀

有機茶樹示意圖

有機茶葉常見被生物咬噬的痕跡，但也因此顯出茶葉的「有機」特性，其中名氣最大的小綠葉蟬，經其造訪過的茶葉皆會產生特殊風味。其他常見的小生物則有茶蠶、茶毒蛾、避債蛾、尺蠖蛾、刺粉蝨、薊馬、蚜蟲等
有機栽培在防治病蟲害上強調「天敵」的相生相剋，茶園也可見有不同種類的鳥禽造訪，如九官鳥、烏鶖、白鷺鷥、藍鵲、雉雞、綠繡眼等
紅蜘蛛、浮塵子、捲葉蛾等也常見
避債蛾，又稱布袋蛾，是有機茶葉常見的生物
保持茶園通風，讓日照能均勻照射於各株茶樹，可免樹的根系及土壤太陰濕
地鼠也經常在茶園出沒
有機茶樹的根莖比一般慣行茶樹更能深扎土地下層
雜草成長速度快，如雞藤草、雞糞蔓、犁避藤、昭和草、白茅、土香、咸豐草等，視生長情形，有時可以機械輔具除之，也可保留矮生、具水土保持功能的雜草
地力恢復後，地面與地底的生物也跟著多元，常見蚯蚓、青蛙、蛇、蜥蜴等生物出沒

雜草叢生的有機茶園

種植高大健壯樹種於茶園四周可形成隔離、遮蔽效果

台灣有機茶認證機制與過程

茶園欲申請認證有機茶園須具備哪些條件？

一、生產過程須經茶改場技術指導及調查，確認係依照農業機關訂定之農作物有機栽培實施準則及田間管理方法栽培，並有完整紀錄者。

二、採收茶葉成品由茶改場各區負責人依照規定至試作農戶抽樣，送交農藥檢驗機構或相關單位檢驗，確認無農藥殘留，並附有檢驗報告資料者。

三、產品符合有機農產品之規格者。

此外，農政機關規範任何農產品經標示為「CAS台灣有機農產品」時，意即此農產在種植環境、土壤肥培、灌溉用水、水土保持、種子種苗選擇、雜草控制、病蟲害防治、採收、調製、儲藏、包裝等過程，均經驗證機構依「有機農產品驗證基準」各項要件並不定期派遣稽核人員至農場稽核，各縣市政府也會派遣相關人員至販售地點抽驗，凡此種種均符合無誤，始能標示「CAS」。

也許有消費者會買到農產品或茶葉外包裝上標示為「有機轉型期農產品」，這是什麼意思呢？概言之，有機轉型期就是農作物開始經驗證機構依驗證程序，施行符合有機農產品及有機農產加工品驗證基準之有機栽培管理，至通過有機驗證所需期間內（茶樹為長期作物，轉型期定為三年）所生產之農產品。此期間產製之茶葉只能標示「有機轉型期茶葉」，不能標示為「有機茶」。

有機認證證書應記載資料

根據農委會農產品驗證機構管理辦法第七條規定，申請認證為農產品驗證機構，經認證機構依其申請驗證類別之認證程序審查結果認符合者，應給予認證，並核發認證證書。而認證證書應記載事項應包括：

一、驗證機構之名稱及地址。

二、得辦理驗證之範圍。

三、認證有效期間。

四、認證機構名稱。

五、認證規範名稱。

六、認證證書之年、月、日及字號

目前台灣獲得農政機關認可的驗證單位共有十二個，茲列舉如下：

（一）慈心有機驗證股份有限公司（TOAF）

（二）財團法人國際美育自然生態基金會（MOA）

（三）中華有機農業協會（COAA）

（四）台灣省有機農業生產協會（TOPA）

（五）台灣寶島有機農業發展協會（FOA）

（六）暐凱國際檢驗科技股份有限公司（FSII）

（七）國立成功大學（NCKU）

（八）國立中興大學（NCHU）

（九）環球國際驗證股份有限公司（UCS）

（十）中天生物科技股份有限公司（MBOA）

（十一）中華綠色農業發展協會（GAA）

（十二）中央畜產會（NAIF）

全台灣第一張有機農產品認證標章。圖為王有里有機茶認證

本文參考資料來源 ：
行政院農委會 www.coa.gov.tw/
農糧署 http：//www.afa.gov.tw/
有機農業全球資源網 http：//info.organic.org.tw/supergood/
安全農業入口網 http：//agsafe.coa.gov.tw/

台灣有機茶區——北部

[宜蘭]
有勞才有獲的三泰有機農場
擦亮宜蘭茶招牌的祥語有機農場

[坪林]
堅持不輟、但求知足的王有里有機茶

[新竹、苗栗]
歡喜做、不藏私的日新茶園
蟲吃飽了人再吃的佛山有機農場

壹

有勞才有獲的

三泰有機農場

茶區：宜蘭縣冬山鄉大進村山區
面積：三片茶園約3～4公頃
海拔：450～500公尺、250～270公尺
茶種：金萱、翠玉、武夷山茶、烏龍
產製：金萱茶、烏龍茶、綠茶、蜜香紅茶、焦糖紅茶、炭焙烏龍、茶籽油、茶籽粉、綠茶粉

「要種出、作出真正的有機茶，必須從茶園管理到製作流程都有機化，甚至後續的包裝、行銷、展售過程也應控管，只有確保在消費者喝到之前都無任何汙染之虞，才能達到『有機』的最嚴苛的檢驗標準。」三泰有機農場主人林文德很自豪的說，三泰出的有機茶就是透過這「有機一條鞭」的方法產製的，他認為只有生產者忠實且誠信的恪守「有機」鐵律，消費者才能真正喝到健康安全的有機茶。

唐山過台灣　承繼祖傳茶技藝

說起在宜蘭種茶的淵源，林文德先喝一口剛泡的綠茶潤潤喉，炯炯有神的兩眼看著茶屋外的茶園，好像在回想一些畫面、一段歷史般，他說，在清末民初時，老家在福建安溪的林家可是當地有名的大戶，祖輩們發家致富就是靠種茶，在民國初年戰亂頻傳，地方不安寧，林家那時是分好幾房經營產業，家中人口多工人多，但盜匪也很多，那個年代在地方好像無政府一樣，盜匪一來就像蝗蟲過境般，第一趟先掃光財物，第二趟把農作物與農具清光，第三趟再來已無物可搶就放火燒，林家祖輩也受創極重，最後決定大房留守祖產，二房往西南避禍，三房（就是林文泰嫡系祖輩）帶了三十八、九人搭船來台灣。民國

▲三泰有機茶園旁綠樹茂盛，生機盎然

▲與林文德從小一起長大的樟樹，曾有一度險遭盜採

二十三年在基隆登岸，其後轉經金瓜石、台北、坪林才到宜蘭，至此時已是民國四十三年的事了。

林文德轉述長輩口耳相傳的逃難墾荒家族史，他說父祖輩剛到冬山這地方，放眼望去山巒起伏、林木蒼翠，覺得是一處能安身立命的福地，且當時的大進、大隱的地名也與此處遠離城鎮有關，因為在日本戰敗前，美軍曾大舉轟炸台灣，許多人口聚集處都飽嚐戰火之苦，於是就有一些人開始往山區避難，而大進、大隱之名就是描述該地在當年曾有大批逃難者遷進，且隱身於山林中不虞被炸彈波及。

大進、大隱人慢慢聚居之後，大家就開始墾荒種作物，起初種的是地瓜、玉米、花生，後來也種茶，反正只要能賣到錢、能換米糧的雜作都有人種，林文德說他很清楚的記得父親告訴他，家中的田是那時花二千元及五百斤花生買來的（一公頃半）。

從小就採茶　對農事情有獨鍾

小學五、六年級時就已下茶園幫忙採茶，因心細手巧採茶效率高，還常被鄰家茶園當作換工對象

（即我派人幫你作茶，你派人幫我採茶），文德憶起每逢假日別說玩了，忙得累到沒時間、沒體力去玩，如此四、五年過去，到了聯考時，別人熬夜是K書，他則是熬夜烘茶，後來讀了羅東高中再考進嘉義農專，林文德說講好聽叫「考進」，其實那時是省政府農林廳搞一個「十萬農業大軍」的計劃，只要家有農地且為自耕農就能保送進農專。他在農專期間就展現出高人一等的農務經驗，常利用課餘去周邊田地、果園協作，這段日子對拓展林文德在農業領域的視野極有影響（以前只接觸茶園）。

民國八十六年畢業後，因在校表現佳、成績優，被金車公司農業生技部門延攬，參加公司的蘭花栽植工作，這段期間是林文德第一次實務接觸所謂的自然農法，雖然在農專時書本有提到，也知道這是一個對自然環境友善、對人體健康有益的農作生產方式，但那感覺只像紙上談兵；再怎麼說，從小接觸的農田、農作哪一個不是靠噴藥施肥才有收穫的。直到在金車種蘭花才發現，不用噴藥施肥，只要悉心照料，作物也能長得高又大，他們種出來的蘭花，花開的大大的，花期也長，經過這段實務接觸，林文德暗自下個決心，未來只要有機會經營自己的農作，一定要走這條路。

民國九十年，因不習慣文牘作業、瑣事纏身的工作環境，毅然辭掉令人羨慕且待遇不錯的金車公司工作，此時也因父親年事漸高、體能衰退，家中農務需人接手，文德返鄉接下茶園經營工作時，整片的慣行田讓他很不適應，於是他採漸進方式，先從一

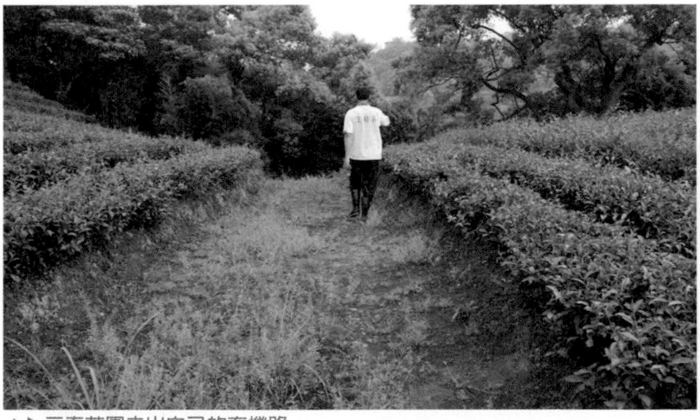

▲▶三泰茶園走出自己的有機路

小塊茶園作起，當鄰田噴藥他就噴水洗刷空氣中可能的汙染，慢慢地紙包不住火，父親發現有一小塊茶園總是亂七八糟的，到了採收期也沒茶葉可採，找文德一問才知他在試作什麼有機法，這下子可不得了，老爸氣得三年不和文德說話，每遇到鄰農，老爸總是指著那片看起來很凌亂的茶園搖頭嘆息：「唉！養個不肖子，讓好好的茶園變成草盛茶稀的廢園。」文德也不甘示弱，為了堅持理念他回嗆老爸說：「我還有班可上，我又不靠這個過活，就算這陣子沒茶收，我也餓不死。」

類似這種小吵大吵五、六年下來不知凡幾，直到民國九十六年，父親身體真不如前了，有一天縣府農業官員一大早就來茶園參觀，連縣長都來

種茶職人小絕活

雜草是有機農普遍的痛，但林文德的茶園讓我看到了另一種草相管理模式，他茶園中有雜草，但雜而不亂，林文德說在他茶園中只要蟲愛吃的草就不除，另外還要種一些蟲愛吃的作物，讓蟲注意力分散，減少對茶樹的影響。拔任何草都不應「淨根」，山上若遇枯水季時，草的根系還能當淺層的水源層，提供茶樹吸收，而且草應盡量用割除法，不宜用拔除法，因為以割除的方式，草根莖會像吸管一樣，具通氣、排水等功能，會吸引很多蚯蚓附生，如此一來茶樹周邊的土層就會被鑽動的蚯蚓翻鬆，對茶樹成長極有益。林文德說，有百分之五十的草會行光合作用，不但不傷茶樹，還有互惠功效，所以草不是有機茶園非除之惡，反而是大自然賜予有機茶樹互惠共生的好夥伴，我們應善待、理解草存在的價值。

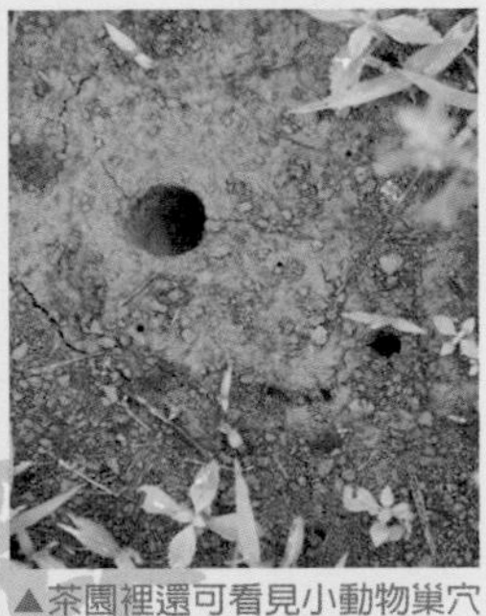

▲茶園裡還可看見小動物巢穴

▲三泰有機茶逐漸打響名號，也讓「宜蘭茶」走出去

了，大夥忙著拍攝茶園中太陽初升的景象，拍晨曦、初露、葉翠光合的美景，老爸撐著病體迎接他眼中的「大官」，事後老爸對文德說，種了一輩子茶從沒想過種茶會種到有縣太爺來參觀的一天，你真了不起！

有勞才有獲　有機要一以貫之

總算化解了家中阻力，連鄰農看到林文德時態度都變了，雖然他的有機茶園產量還是比不上慣行收成，但茶葉價值已成了最好的口碑，他也因此當了宜蘭縣茶葉發展協會祕書，肩負推廣有機茶重任，文德說，原本是單打獨鬥的個體戶，而今要變成人家參觀效法的對象，使他在有機茶這一塊不得不更精益求精，於是他慢慢地整理一些有機農作心得、方法，在推廣過程中傾囊傳授。

於此同時，他也發現除了種茶、管茶、採茶外，在製茶過程、行銷過程都應有機化，每個環節都應列入控管才能確保無汙染，於是他研發出一套創新的生產流程，還獲得了台灣少見的生產流程有機認證，加上之前已通過宜蘭第一家有機茶認證，林文德可說在這片新農法領域樹立一種典範，足以讓他以身作則推廣有機農法。

宜蘭茶悠久　可惜未創立品牌

到了宜蘭山區才發現，種茶茶農與茶區面積真不少，林文德說若要追溯宜蘭種茶源起，可能在清季閩南人吳沙登岸墾荒那個年代，就已開始有人種茶了。宜蘭地區濕度夠，海拔不用高就有「雲霧繚繞的效果」，整體環境極具高山茶環境的樣貌，所以宜蘭茶是有歷史的，但宜蘭茶農跟全台灣大多數茶農一樣，只懂種茶不懂賣茶，所以宜蘭茶一直都沒創立自有品牌，但儘管如此，宜蘭種茶的人還是很多，可見宜蘭茶是有品質、有市場的茶系。林文德強調，種茶、作茶都是看天吃飯的過程，在人力可及的範圍，只能盡力自我要求品質管控，尤其在接待日本、歐洲茶客時，他們對茶園非常重視、對製茶場十分關心，這兩個環境都列入必看之地，滿意了才會下訂單買茶，文德說，還好他們看重的也是他從未忽視的環節，因為他一向堅持，茶是給人喝下肚的東西，絕對不能混雜任何有害人體的物質，堅持自今，他的茶葉已在市場建立一定口碑，目前他的銷路是以批發為主，零售宅配為輔，整體而言還過得去。

因為曾擔任推廣有機茶的工作，林文德發現要讓老農改變農法、觀念實在不易，還不如向下扎根，於是他闢出一部分有機茶園當作有機體驗茶園，開放社區及學生組隊報名，在五百坪的烏龍茶園中，讓年輕世代認識茶產業的發展及製作過程，也希望透過體驗讓孩子們認知與體會人、自然、土地的互動關係。林文德

▲從不肖子到蘭陽之光
▶▲有機一貫化的廠房

▼布滿鮮苔的茶園土地

▼茶園裡隨處可見的螞蟻窩自然形成的路徑與分泌網絡

說他的茶園生態十分多樣，畦道間布滿苔蘚、稻殼，走在上面鬆鬆軟軟很有彈性，園邊會留一道面積種果樹、松樹，一方面當綠籬，一方面當小生物、小動物進出棲息的空間，因這些生物、動物多年下來的排遺形成堆肥，茶園中的土壤呈現多層次的色樣，顯得地力十分夠力，觸目所及都能見到白蟻穴、青蛙洞、蛇穴、山兔窩、食蛇龜等物種，來茶園體驗的孩子經常像發現新大陸般驚聲尖叫，好不熱鬧。

林文德說為了開闢體驗園區及添置體驗設備，大概花了四、五千萬，但他覺得幾年下來已看到具體成果了，有年輕人告訴他再也不吃喝不是有機農法種出來的東西，也有孩子回去要求父母也來茶園參觀等等，林文德說這個體驗茶園絕對不是生意，而是一種誠意，絕對不重回餽而是專注地付出，只要下一代能體會、接受有機觀念，重視天、地、人融洽的「三泰」，有機農場也不枉此心了。

▼住家旁的教學茶園

種茶職人小檔案

茶農：林文德
茶園：三泰有機茶園（MOA有機認證）
地址：宜蘭縣冬山鄉大進村進偉路192號
TEL：03-9519683 、 0913-676732

三泰清香烏龍與南瓜子

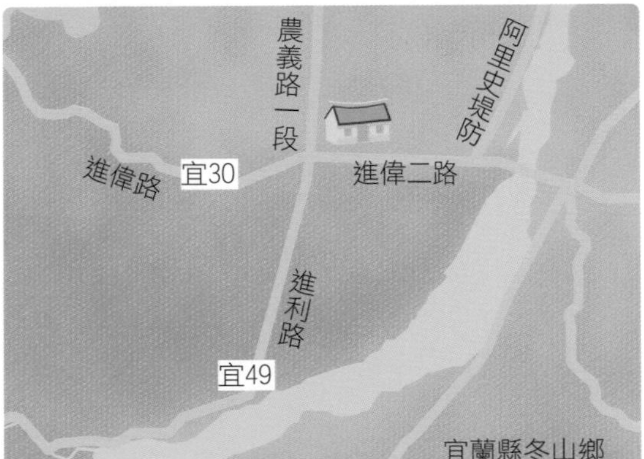

貳 擦亮宜蘭茶招牌的

祥語有機農場

茶區：宜蘭縣冬山鄉中山村
　　　中山休閒農業區
面積：1.8公頃（4片茶園）
海拔：50～300公尺
茶種：金萱、烏龍、佛手、翠玉、
　　　武夷山茶
產製：烏龍、綠茶、紅茶

開車穿過羅東進入冬山中山村前，東繞西繞了好一陣子，梅花湖遊樂區也曾經過，就是找不到中山村的入口指標，好不容易看到一個「往中山休閒農業區」的標牌，就順著路蜿蜒而上，走著走著，正有「疑無路」之惑時，突然視野一開，在眼前的是平疇綠野，好一個「又一村」之喜躍上心頭，沒錯，祥語茶園主人劉向群是這樣子告訴我的：「我們村子很乾淨、很綠，到了就知道了。」

世居中山村　未碰過土石流災

走進祥語農場時，放眼望去左邊是茶園，對面也是，背後不遠處五、六百公尺高的小山堆疊連綿，眼中除了農舍屋宇以及柏油路不是綠色的，其他盡是整片的飽滿綠景，真是個洞天福地。農場中沒看到什麼人，只有一位有點佝僂的老婦人接待，她說向群外頭有事，她馬上連絡叫他回來，在等待過程，我在農舍周邊小逛一下，發現屋子後頭有一泓池塘，架了一個有點像水車的設施，嘩啦嘩啦的水聲就從那來的，旁邊的茶園很乾淨、整齊，有點狐疑這是有機茶園嗎？不一會劉向群帶著太太趕回來，忙不迭的抱歉，他說剛剛是參加「環境生態工程學員班第一期結業式」所以耽擱了。

▲祥語有機茶園推廣有機和生態農法，成為宜蘭茶的模範專區

「你說的沒錯，中山村的確不同凡響，看來休閒農業區給在地農友不少助益？」我以為是成立休閒農區後中山村農友才受惠的，劉向群一聽就笑著回應：「你倒果為因了，會成立休閒農區，是宜蘭縣府農業單位來中山村考察後，發現這裡環境保育、水土保持都不錯才敲定的。」成立之後農友們配合推廣，紛紛轉型為各類型的有機農場，有茶園、果樹、菜園、養雞場、藥用青草園等。其實，中山村大多是世居在地的老農戶，多少年下來大家雖然不曉得「保育」、「水土保持」等專有名詞，但實際作為上就是不濫墾濫伐，不堆積淤塞，讓山林自然發展，讓溪水順勢流通，所以中山村在歷經多少個大大小小侵襲宜蘭的颱風、暴雨都能安然度過，劉向群說他成長印象中，村子內好像沒看過什麼土石流成災的例子。

冬山河源頭　雙溪雙瀑好所在

進到中山村前，會發現村子似乎被溪流環繞，劉向群指著不遠處的堤岸，說那是新寮溪，再往上溯溪不久就可走到新寮瀑布，而迴身一指後頭的山巒，他說山下就是舊寮溪，同樣的溯溪上行四、五十分鐘就可到達舊寮瀑布（一名中山瀑布），他說這個瀑布原本有三層瀑，後來因地震及水流沖刷而坍了兩層，而今只剩一長條白瀑直下，

▲祥語有機茶園生態相當多元
◀茶園所在社區的好風光

還是很壯觀。而這兩條溪就是冬山河的上游源頭，中山村的田園就是這兩條溪交匯沖積而成的，整片土質都是具排水通氣功能的砂礫土壤，在水好、土好的優質環境下，種茶葉或種柚子都很適合，所以村中農友主要都是種這兩種。說到種茶，劉向群說冬山茶區在宜蘭也算是歷史悠久的茶產業，而中山村就是冬山茶區的大宗產區，所謂的宜蘭茶也許外人並不常聽聞，但絕對喝過，因為宜蘭茶並未創立自我品牌，大多是茶盤商批發茶乾去坪林、或高山茶區重新搭配當地茶葉包裝上市，劉向群認為中山村三面環山，地處台灣東北部，經年都會有東北季風吹著，帶來不少水氣沉積在山區中，每天晨昏都會起霧，對茶樹成長很有幫助。

以前宜蘭農產只能依賴北宜公路（九彎十八拐）進入北部、西北部市場，若走北橫或中橫宜蘭梨山支線再運銷北部，運輸成本太高，總之交通不便是宜蘭農產經濟效益的致命傷，宜蘭的農政單位致力推廣的農產如稻米、水果、蔥、蔬菜都會用品牌包裝，唯有茶葉的推廣是以盤商為對象，這些盤商買了茶乾後就供應坪林、鹿谷茶商包裝販售，宜蘭茶一出宜蘭就銷聲匿跡了，而且宜蘭茶區包括冬山、三星、礁溪、員山、大同各地都有人種，在茶

◀劉向群示範正確採茶常識
▶祥語有機茶
▼茶樹與綠草交織出多層次的綠

高）、有機社區（水質、土質、空氣調整不易）、有機生活（除非自給自足，否則要有一定的經濟能力支撐），這三個面向發展腳步都不夠快的狀況下，想投入有機產業，還真得掂量自己家庭經濟能否挺受得住，否則徒有理念是餵不飽全家的。

體驗有機茶 開放茶園一起來

造訪祥語茶園當天下午，正好有一批親子團約二十人左右也來了，一問之下才知是劉向群辦的有機茶園體驗團，約下午二點半左右，大家一人一頂斗笠，背著茶簍子隨劉向群走到農舍不遠處的茶園，日照實在太強，每個人都在斗笠下圍包著採茶姑娘常見的紅花布頭巾遮陽，走進茶園的一行老老小小，看起來還真有代代相傳採茶樂的樣子，突然一個小孩指她媽媽說：「開喜婆婆來囉！」，大夥更笑成一團，茶園體驗活動就在烈日與笑聲中展開。

茶園中茶畦間道約六十公分寬，茶樹互不干擾日照，埂道上的草都短短的，有點像鋪了綠色地毯的廊道，團員不分老小都說走起來好舒服，日照還是那麼強，但在茶園內卻感覺沒那麼炎熱，也許是茶樹與綠草的蔭涼功能吧！

劉向群說若是要打響「宜蘭茶」名號，這種直接接觸茶園的體驗營應不間斷的經常辦理，而且應該鼓勵有機茶農全面推廣，尤其現在往宜蘭來的遊客一年比一年多，如果體驗茶園被觀光客

列為半日遊的知性行程，久而久之由點而線而面的推廣，相信宜蘭茶、宜蘭有機茶一定能走出宜蘭，讓外界消費者知道茶也是宜蘭特產之一，而有機茶更是特產中的健康安全食品，希望透過類似的活動把有機概念普及化，當國人生活也有機化後，有機農產品才能成為農場市場的主流商品，而國人的身體至少在飲食這一塊較能放心的攝取。

劉向群舉例，一公斤化肥，作物只吸成百分之二十，草分到百分之十，其他百分之七十不是日照蒸發、就是被水沖刷流到水渠，一個慣行田農常會怕地力不足而加重噴藥，以致流入水渠的

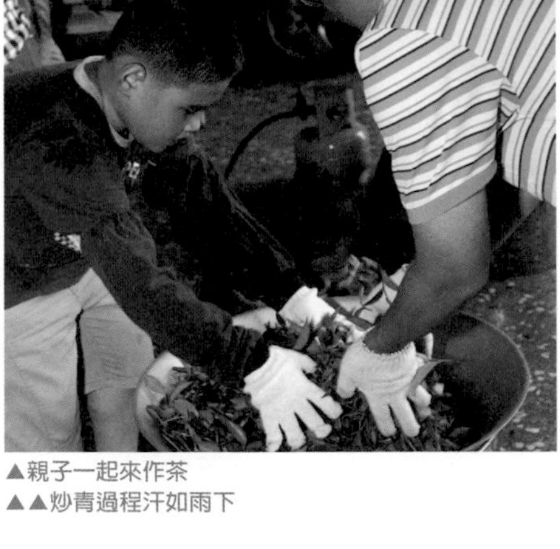

▲親子一起來作茶
▲▲炒青過程汗如雨下

藥、肥元素愈積越多，這種氮磷鉀沉積太多的話，會導致水體優氧化，容易孳生有毒綠藻，水質一定惡化，田地土質最後也會受汙染而影響地力，農夫只好再加重藥、肥劑量，如此惡性循環，到最後地力被剝削殆盡，水質成為化學肥料沖刷的物流系統，山坡地、水源區常因此造成水庫淤塞，劉向群慶幸地說，還好他世居宜蘭，因為宜蘭的山坡地、水流管控最嚴，大家都很重視保育和水土保持，在觀念互通下，在宜蘭從事有機農業其實是很快樂的事。

▲▲茶葉有椿象咬過痕跡
▲祥語有機茶園的茶乾

栽茶職人小絕活

為了讓有機產業品項多樣化，除了茶葉以外，在非採收、產製季節時，劉向群和太太陳珮綸研發了不少附加產品，諸如綠茶南瓜子，綠茶粉龍鬚糖，最特別的是一種叫「薑紅茶」的茶包，劉向群說這部分大多是老婆的點子與研發，應該請她來說，在他太太來之前還泡了杯薑紅茶給我喝，沒多久劉太太就進來問說「好喝嗎？」她說以前大家只知喝薑湯，對其祛寒、祛濕的功能都耳熟能詳，但那只是煮沸熱飲，而且只有在高冷地區或冬季才會喝，其實她作這個薑紅茶包是冷熱飲皆可，一年四季皆宜的飲品，用的是冬山在地薑農種的契作有機薑，加上用有機茶葉產製成紅茶，在磨成粉末分包後，就像一般茶包沖泡浸解方式即可飲用。陳珮綸說薑的功效在本草綱目上有句話可代表：薑能驅百邪，而紅茶一般認知就是能護胃、解油，綜合而言就是薑紅茶定期定量飲用有形塑身材之效。未來還想再結合休閒農業區內其他有機農產，也許做出「有機果茶、有機茶米餐」也不一定。

▲女主人陳珮綸自製的茶餅
▲▲綠茶粉龍鬚糖

▲▼親子一起來作茶

種茶職人小檔案

茶農：劉向群

茶園：中山休閒農業區祥語有機農場

地址：宜蘭縣冬山鄉中山村中城路173號

TEL：03-9587959，0910-617589

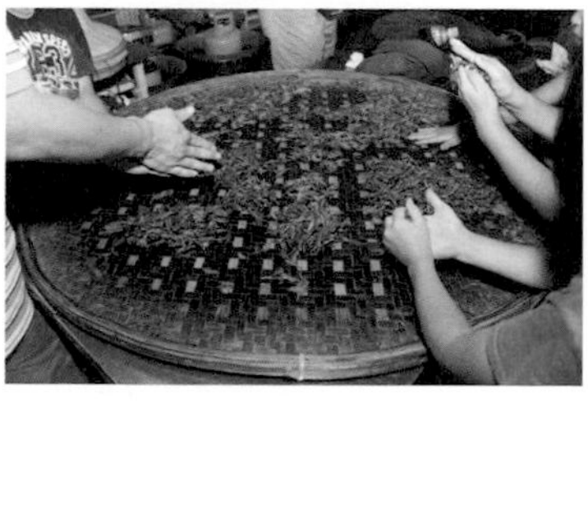

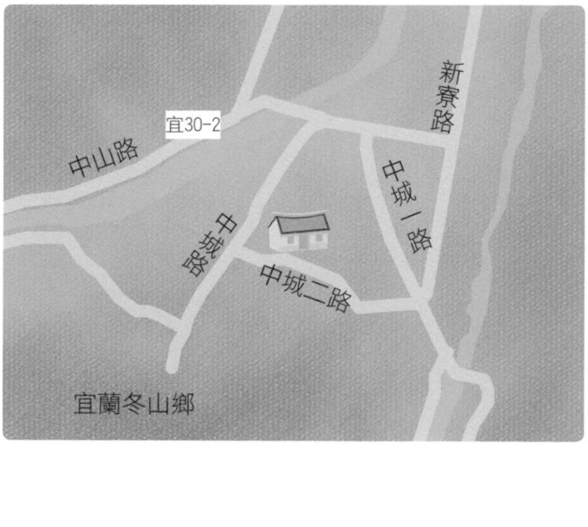

叁 堅持不輟、但求知足的

王有里有機茶

茶區：新北市坪林漁光里
面積：3公頃
品項：文山包種、東方美人、紅茶、綠茶
茶種：清心烏龍、台茶12、13號、四季春、大葉烏龍

每一位有機茶農，如何轉進或者踏入這個領域，各有不同的理由與脈絡，不過，說起王有里走上這條路，最初的起點，絕對是來自於愛，而且是孝順至親的無私奉獻之愛。

瘦小黝黑的王有里，投入有機茶領域長達二十年有餘，台灣有機農產品標章第一枚驗證標章至今還保存在他茶廠中，也就是說，王有里不僅是台灣有機茶種植先行者，更是台灣有機農產品推廣第一批模範，長期與台灣茶改場與相關農政機關、有機驗證等單位合作交流，在實務與學理上相互切磋成長，經歷多年沉潛，才逐漸累積出如今的一片成果。

認命承接家中產業　一切緣自於孝順

每每有人問起王有里當初投入有機茶領域的緣由，我想，對他來說，應該都是重新回憶傷心過往的歷程。從小就被奶奶與父親認定為家裡農田承繼者的他，早已很「認命」的自知未來必須留在鄉下務農，因此對於追求學歷與外面花花世界，似乎早就斷了念頭。只是，老天爺對他的考驗還不僅止於此，當年才二十出頭的長子，就被迫面對弟弟與父親陸續去世的厄運，除了得扛起一家子生計，尤其是照顧年邁爺爺奶奶的責任，還得放棄當時

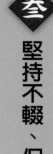

▲守護家園、知足常樂的王有里

為了增加地利、擴大收成，已經普遍流行的慣行耕種法。

原本王家從爺爺輩便已開始種茶，在灑用農藥大力推廣之前，採取的也是自然農法，也就是不施放任何含有毒物的防蟲藥物或者除草劑，只是在後來整體氣氛影響下，嘗試使用除草劑，未料，當時尚未滿二十歲的王有里三弟，竟因為不熟悉藥劑使用，經醫生斷定是受到巴拉松除草劑侵蝕，又苦無解藥而驟然過世，全家人既悲痛又驚訝。當下便省悟，此類藥劑威力駭人，恐怕還會發生無法預料的後果，不敢繼續使用。

禍不單行考驗命運 唯求活著照顧長輩

然而，老天爺的考驗還不只如此，曾經從事礦工職業的父親罹癌接繼過世，忽然間愁雲慘澹，當時

九彎十八拐

坪林茶區大多沿北宜公路發展，而通往宜蘭所經之金面山路段因曲折多彎，成為北宜公路最著名也最危險的路段，素有「九彎十八拐」號稱，不過卻也是此公路最佳的景觀路段，如遇天氣晴朗時可遠眺龜山島，夜晚則可目視蘭陽平原的燈火夜景。

三十二歲的王有里只得一肩扛起家計。這時候的他，面臨的除了無可旁貸地承接家中田產農務，更重要，則是要確保自己好好活下去，因為他必須代替父職，確保爺爺奶奶「有飯吃」，所以無論如何都要珍惜自己生命，認份地養活一家近十口（包括弟妹們的學費與生活費）。

如果搭乘時光機回到八〇年代，會發現當時王有里耕種所在之地，聯外道路依然不通，出入交通與路程相對艱困，尤其從坪林到台北的唯一選擇——北宜公路，危險性人人皆知，即使想要出外打拚多賺點錢養一家人，卻也天不從人願，「每天要照顧和問候祖父母，不能讓老人家擔心和陷入孤單啊！」，你可以說這是無法割捨的責任，但對王有里來說，「平安，就是福氣！」，找到一種能善盡孝道的生存方式，自然是最重要且唯

▲王有里一生全心投入耕耘茶園與鑽研製茶技術

一選項，不灑噴農藥更是保命之道。

認命地了解之後，王有里全心投入耕耘茶園與鑽研製茶技術。只是，不施灑農藥雖然立意雖好，可是自然環境無法避免的蟲害，卻因躲避「鄰田」灑藥而遷徙過來，頗讓王有里頭痛，究竟該如何在自然栽種和生計維持之間獲取平衡呢？

茶改場合作田間調查　理論與實務融合摸索

幾番思索與趕蟲嘗試後，不是自覺方法有些殘忍，就是效果有限，期間則時常透過茶改場文山分場交流相關知識，雙方進行長期的田間調查合作。回憶當時連台相機都沒有，加上對外通訊還不發達，王有里說，一切都靠肉眼觀察與透過電話描述進行討論，融合理論與田間實踐經驗，相互激盪成長，透過這種日積月累，才共同摸索出有機茶園管理的種種知識。

「有機」概念其實是近年來才流行的說法。過去不施藥的年代，所收穫的農作物其實也就是當代所謂的「有機」與自然產品。雖然堅持不施打農藥，但周遭環境都不同以往，重新學習如何與蟲相處，成為王有里田間工作最吃重功課，也是每一位剛開始經營有機茶園時最大考驗。然而，在與蟲奮鬥一陣子後，王有里逐漸發現，與其竭盡心力和蟲鬥智，不如捨棄自己執著與刻意作為，改而轉變心念，學習與蟲共生，時間一久自然能進入人蟲平衡狀態。

「只要農友自己看開，生態也就平衡了」，這句富含禪意哲理的話語，似乎總結王有里多年的心得。他說，長期觀察與防治經驗發現，蟲群也有固定棲地習性，自然界的食物鏈與每一種物種均有天敵，只要能找到彼此之間共生的模式，農友並不需要刻意去防範或者圍堵某一物種。或許初期幾年會感覺蟲害厲害，會讓人焦急地想要放棄堅持，投藥加以抑制，但近年來他觀察有施灑農藥的茶園，卻也發覺蟲對於農藥愈來越有抗藥性，最後結果只是形成壞的循環。

與其這樣，不如想辦法形成茶園「善的循環」。過去倍受蟲害困擾的他，最後選擇「無為而治」，採取不干擾方式管理茶園，每季放任蟲群自由叮咬，剩下的才採摘拿來製茶，所以，目

▲▲轉變心念，與蟲共生，有機茶葉常見的咬噬痕跡
▲自然有機的瓜果

職人栽植小撇步

關於草相管理，王有里建議，首在創造多元草環。避免凸顯單一草相，放心讓花草自然長大，以免製造土壤問題，也不要將草拔得太徹底，盡量留些地方讓蟲可以躲藏，尤其在天氣熱的時候，如此能夠讓各類昆蟲各取所需，真心把牠們當作家人來養，留條活路給牠們，有顆接納的心，久而久之便會出現共生的局面。如今看見茶園裡生物活蹦亂跳，好像回到小時候茶園狀態，王有里感到非常欣慰。至於許多人會選擇在茶園旁種植肥沃地利的豆科，王有里持保留態度，僅在茶樹間距間施種，而且挑選季節栽植，尤其避開夏天，減少蛾蟲大量滋生的困擾。

▲茶蠶寶寶

前他的田園工作只專注於剪枝、整型與除草。聽起來似乎很簡單的工作，不過，每一步驟都是長期經驗累積下的學問，「深入了解草性，選擇性除草，而且絕不斬草除根」，如今可說是王有里奉行不二的法則。

無為而治促進善的循環 顧及鄰里保持低調

身為台灣第一代有機農產品先驅者，除了在觀念上與實作上，必須親力親為想辦法解決外，在銷售上，王有里其實也面臨過不少外人難以想像的困局。「我們去賣有機茶，雖然對自己的理念與產品有信心，但很難獲得大盤茶商認可，加上為了顧及鄰里感受，即使想強調自家的茶葉未施加

▶已有十多年樹齡的茶株

藥劑，但卻不敢過度嚷嚷，還應保持低調，避免引起人不悅」。追根究柢，那時候的困難，不在於有機茶品質好或不好，而是如何一邊堅持自己理念，一方面獲得鄰里與消費者接納，甚至一起轉向投入友善土地行列。

作為坪林茶農，王有里對包種茶十分有信心。在他眼裡，文山包種茶獨步全球，無論在氣味或者製作方法上都獨樹一格，尤其對於採收、萎凋時間需掌握嚴謹，若非具有家學淵源，一般人很難掌握十足火候。「坪林人幾乎家家都有製茶機器，我則才學會爬就已開始接觸茶葉」，加上「祖父母就是家裡的寶貝」，自小就泡在茶裡面的王有里，論起製茶大小事、聊起茶品項的可變性、談起有機茶葉各項疑慮，可說是知無不言、言無不知。

王有里說，常常有人跑來他的茶園考察，或者和他交流有機茶園植栽各項疑問，近來試喝者越來越多，「對這些事不會感覺被打擾嗎？」我這樣問他，沒想到他的回答一如他種茶的理念，「有越來越多人關心或者投入這一行，也就是有機茶的福音」，

▲社區七十多歲的熟練採茶媽媽已不容易請到

▲全台灣第一張有機農產品認證標章

他很希望越來越多人可以知道和了解有機茶，越來越多人想打探，這也就會讓茶農想跟進，若有越多人投入善待土地行列，長遠來看，就是善的循環。

個性活潑的王太太聊起天來，也是絲毫不藏私，一路上陪伴王有里走過艱辛，依然豁達、支持。夫妻倆現在很開心兒女有意願接續家業，對於務農這條路，他們仍深感是基本且「對的道路」。他們打自心底期盼，自己在力行的事可以創造出一片天，讓其他人看到「坐在家裡便可賣茶」的畫面是可以被實現，唯有這樣，茶的產業才有機會持續發展，有機家園才有到來的一天。

▲採茶工人花衣布點綴茶園

▼萎凋一景

種茶職人小檔案

茶農：王有里
茶園：王有里有機茶
地址： 新北市坪林區漁光里乾溪1號
聯絡電話： 02-26657009 （如欲前往請先電洽）

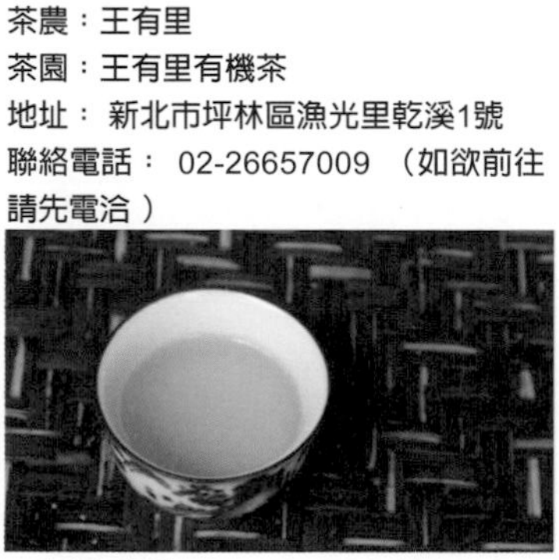

▲文山包種茶

肆 歡喜做、不藏私的

日新茶園

地區：苗栗縣頭份鎮永和山麓、頭份後花園茶區
海拔:150～160公尺
品種：青心烏龍、大胖烏龍、台17號紅茶
產製：烏龍茶、綠茶、紅茶、東方美人茶、酸柑茶

在桃竹苗地區種茶、製茶得獎無數，極負盛名的日新茶園主人許時穩，堪稱是苗栗客家茶界的代表人物之一，幾番連繫登門拜訪，許時穩卻在山上茶區農忙而緣慳一面，也因此能接觸到很少受訪的許太太甘淑華，從許太太口中聽到不太一樣的茶農甘苦談，許時穩的這位好幫手，不論家務、農務都是不可或缺的要角，在訪談過程中，絲毫感受不出許太太對身為「茶界名人」妻子的驕矜之氣，反而聽到一位茶農之妻以如何幫先生種出好茶、健康茶為職志的堅持。

先生原本學中醫　深諳藥物之害

苗栗永和山下，於頭份鎮區屬外圍區域，因常年日照充足空氣清新，被當地譽為「頭份後花園」，百年以來就被農民開發為農作區，以前種的是樟樹（取用樟腦）、水梨等經濟作物，為了產量與品質多採慣行農法。許時穩退伍後，先在台北學中醫，後因父親早逝，便返鄉接手農事，許太太回憶，當時先生即懷疑父親之死與過度使用農藥有關，就把樟樹、果樹剷掉改種茶葉。起初記取前車之鑑，不噴藥、不施肥當然產量銳減，而且在民

▲日新茶園翠綠的有機茶葉

國七十年左右，島內的茶葉市場尚未發展，收益不佳，先生咬牙苦撐堅持種下去，約在民國八十三、八十四年間改種有機茶。

其實栽種有機茶初期，先生曾接觸中興大學推廣單位，這些專家來到許家茶園實地檢測，發現茶園土壤、水質、茶樹、葉面均已達有機標準，透過先生之口才了解，許時穩早就採行當時還很新穎的「有機農法」，不噴藥、不施肥，所以茶園環境相對自然，雖曾驗出微量重金屬，實應是先生以自製堆肥沃養所致，因購進的有機堆肥如屬動物性即會有重金屬成分，之後先生就改買植物性有機肥。

有機這條路，日新茶園在堅定的信念引導下走得還算順遂，被推廣單位列為示範農戶

▶苗栗永和山下以前種植大片的樟樹、水梨等經濟作物。如今日新茶園旁的樟樹小徑，仍可見早年主要的農作──樟樹
▼茶莊製茶空間高懸得獎匾額

推廣有機茶，許時穩還因此榮獲全國十大傑出農村青年，在民國九十七年更奪得全國有機茶評鑑比賽特等金獎。諸多桂冠光環加身，許時穩並未因此自滿，除了種茶、製茶過程的精益求精外，他還在去年自大陸廣東地區引進一種歷史名茶「鳳凰單欉」，希望這種與武夷岩茶、安溪觀音茶齊名的烏龍茶種能在日新茶園落地生根，如一切順利，幾年內應可產製出台灣茶葉史空前的台產鳳凰單欉茶。

嫁來前沒下過田　都跟先生學

看許太太高高壯壯的，一副運動員體型，許太太笑說婚前根本不知農事，娘家為基督教家庭，嫁到客家庄才跟著先生學習農事，也許是信仰的影響，對先生從事有機茶是打從心裡贊同歡喜，在學農過程也苦中有甘，到現在已可獨當一面。許太太對有機茶這塊產業也有一套「心法」，她說從種茶開始，就要時時留意茶園生態，留意茶園的自然環境能否吸引原本應該出現的蟲、鳥等生物孳生，比方茶園中常見的小綠葉蟬、避債蛾（布袋蛾）、椿象、蛀心蟲孳生量多寡；土壤中蚯蚓、小蠕蟲蟄伏與否，飛行禽類如九官

▲茶畦留出空間，有利生長

鳥、烏啾、白鷺鷥、藍鵲、雉雞、綠繡眼等是否應時降臨，如果發現異樣就得立即檢查茶園茶樹的變化。此外，也要留意茶園中雜草成長情況，許太太強調，草是一定要除的，但苦惱的是草除不完，只有不斷的下田除草，讓草的高度不影響茶樹成長才算完工，也因為草長得快，每逢採茶期，採茶工就會被田中黏人草沾滿身，所以有機茶的採摘工錢比慣行貴。

頭份這片山區雨水較少，而且頭份茶區不像南投名間松柏嶺茶區那麼大面積集中，只能合作請人挖井共用水源，許太太說為了灌溉所需只好自行鑿井，超過五十萬的鑿井工程費、引管費都得自家開銷，誰知在地官員竟說自行挖井違法要吃官司，說及此處許太太長嘆一聲，為何這些地方行政官員不想辦法協助解決農友難題，反而只會刁難呢？

有機茶小農難為　肥了通路商

提起製茶，許太太說老公一身技法都是家傳手藝，尤其曾經學過中醫，對茶葉中所含茶鹼、咖啡因、茶多酚等成分比例特別留意，為了讓種出的茶符合健康需求，老公曾受惠一位中興大學教授傳授的一種有機肥配方，種出了三、四十年前台灣老茶風味的茶樹，老公曾說，自己種的茶最重要的檢驗關卡是「是否放心讓自己親人喝」，所以日新茶園的茶葉至今家人都敢生嚐。

一說到茶的產銷，許太太就有一些感慨，她說在有機認證機制下，一些認證單位會鎖定通路，慈心有慈心的上架規範，美育有美育的制約，更有甚者以通買通賣的通吃手法吃定小農，有時壓價統銷把持有機茶市場，讓有機茶農綁手綁腳生路受限。也有些通路商打著環保旗號與學術研究單位合作開發茶區種茶，在量大價低的衝擊下，一般小農根本無力對抗競爭，剛開始還會和附近有機茶農簽約契作，當自己茶區產量穩定後就不要小農的茶，在日新茶園鄰近區甚至有茶農受不了改種有機蔬菜，誰知一樣被盤商剝削，只好回頭種茶，自我解嘲的說還是種有機茶算了，至少茶葉比蔬菜擺放期久，就算被剝削也有存貨可賣。

有機茶搭橋結緣　老公也信教

說起結婚之初曾因信仰問題與老公有些相左意見，許太太說娘家五代信基督教，是因先輩祖母生病時遍求醫方無果，後去彰化基督教醫院就醫，期間跟著院中醫護人員作禮拜，後來竟痊癒出院，返家後就把家中神明牌壇都撤去，從此全家改信基督教。嫁到許家前就知夫家信佛，每回上教會老公雖然會陪著，但過程中都睡著，後來先生因種有機茶過程遇到一些瓶頸，找不到竅

種茶職人小絕活

許太太對老公研發出的酸柑茶深以為傲，她說也許老公是客家人，秉承客家傳統愛物惜物特性，對每年生產的在地特色柑橘虎頭柑於清明拜拜過後，就被棄置深覺不捨，於是設法將虎頭柑碩大果肉（味酸、纖維粗，不討喜）挖空留皮，再填充茶葉、紫蘇、甘草、薄荷，經過九蒸九曬，為期約半年而成，取來飲用，沖泡前須將整顆酸柑敲碎，用滾水煮約十分鐘即可，入口微酸帶甘，具潤喉化痰之效，若嫌口感不甜，可另加冰糖、檸檬調味，則有獨特的喉韻口感。

許太太說酸柑茶目前市場雖未打開，但老公堅持繼續製作，「這是一種客家特有的農作智慧，一定要傳承下去」，所以家中小孩從小都參與製作，目前老公已研發製成茶包，希望讓喜好者能更便利飲用。

酸柑茶主要的材料來源虎頭柑

門，而當地長老教會有一位廖長老擁有有機農作的經驗，於是就教予他，學會製作益肥，成功化解難題，許時穩雖感念，但對信仰仍不鬆口，並曾和廖長老抬槓，他說客家人很重視慎終追遠、祀拜祖先，不能忘本，祭拜祖先牌位是必要的，所以不能改信不拜偶像的基督教；而廖長老就引據聖經說經文中並未否定信眾慎終追遠，只是形式有別罷了，信仰基督不是要信眾忘本。後來老公主動帶著家人上教堂做禮拜，可說是有機茶當橋樑結的緣。

教會中有成立一個農業使命團，成員有中興大學、嘉義大學教授等，也有農改場專家，許時穩也是一員，曾數度赴海外傳播農技，有一次前往泰緬金三角區域，當地孤兒不

▲教會的孩童跟著學習採茶

▶▼茶園平均一年可收五次茶乾
▼條索紅茶於沖泡後茶湯色澤均勻

少，土地也大，大部分都是種菜，使命團就指導當地農友闢地種茶，獲取較高利益，許時穩也不吝所長親自傳授。在返台後曾說：「不用擔心外國人學品茶、製茶，因為茶之本在種茶，種茶前要了解土地環境條件，什麼地種什麼茶，不是想種就能種的，就算教會外人種茶技術，如果沒有那種環境也種不出來，所以在茶的領域中，不應有藏私念頭，不要怕人學，要不然好的東西、好的技術會失傳，很可惜。」

下一代接棒慾低 憂後繼無人

多年耳濡目染用心學農，許太太在茶產業已算是一把好手，坐擁五、六甲茶園，一年可收五次平均茶乾逾千斤，如無一手精湛手作製茶功夫可說是暴殄天物，許太太認為，一年四季各有各的採製特性，清明後採嫩葉春茶，可手作綠茶、紅茶，夏茶因日照強、熱度大，小綠葉蟬較少，葉片啃嚙度低，較宜製作東方美人茶，要注意的是東方美人茶一定要手採，葉片較小而整齊，味道才會均勻，雖然手工採摘速度較慢，生產效益較低，但慢工出細活、品質較優，不像機具採收，茶梗多、雜質多，品項較雜，雖然較省工、價位可壓低，但口感不優。

至於紅茶更是要手採，葉片軟嫩而整齊，製成條索紅茶於沖泡後舒展活潑、茶湯色澤均勻，若用機器採收，葉片不齊易碎，難作成漂亮條索紅茶，沖泡時展葉不美觀，茶湯色也不若手採般

▼老汲水器

▼自製的手工麵包

透紅。反之若製作烏龍茶，許太太認為用機採較宜，因為時效快、時程短，走水時間短，發酵期也能縮短，製出的烏龍茶，尤其是球形烏龍茶會釋放出特別香氣，若用手採較不易呈現這種特性。

說著說著，許太太入內拿出一條吐司切片分享，這吐司片入口香氣滿腔，咬勁足十分特別，許太太說這是自己用有機原料發麵自製的吐司，而且家中的蔬菜都是鄰近有機菜農種的，現在全家都非常適應吃有機農產，雖然過的是農家生活，但需求簡單不求物慾，所以過得很愜意，只是家中小孩雖從小接觸農事，但都沒接手意願，儘管夫妻年齡尚可下田務農，但也擔心若真無人接棒，偌大有機農產業何去何從，她別無所求，但願這片有機田園能保持下去，不要再走回慣行老路。

▲日新茶園附近環境幽美，每到桐花盛開季節，可見滿地油桐花舞

▲許家祖厝

種茶職人小檔案

茶農：許時穩、甘淑華
茶園：苗栗縣頭份鎮興隆里日新茶園（有機認證）
地址：苗栗縣頭份鎮興隆里5鄰上坪29-1號
TEL：037-663749、0933-177183

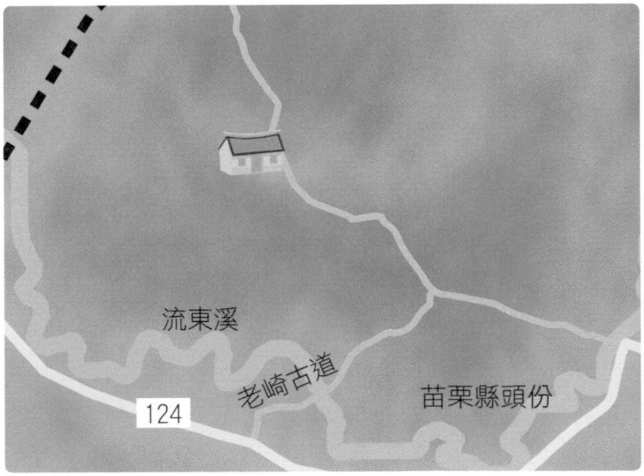

伍 蟲吃飽了再吃的

佛山有機農場

「人若無欲無求，天下有何難事？」佛山有機茶園現任女主人張月璘一臉祥和地告訴我們，只要放慢生活步調、降低物質需求，你想貫徹執行的理念自然成為最近也最易履踐的目標。原本是鋼琴老師的她，接下父親茶園後，一路走來充分領會父親的堅持，也因此一頭栽入有機茶園範疇，時至今日她父親甚至誇女兒「有過之無不及」。

茶園：新竹縣峨眉鄉七星村獅頭山坡
面積：一甲多
海拔：100～150公尺
茶種：台茶12號
產製：東方美人茶、白茶、紅茶、綠茶、烏龍茶

裁縫師轉行　老父務農也在行

原本在竹東鎮上開一間小裁縫鋪的張紹和（張月璘父親），一身手藝不在話下，別說顧客，光是家人老老小小的衣服都是出自他手，這種一家和樂、一技在身的好日子在民國七十三、七十四年時期遇到了想像不到的變化。那時台灣的紡織業、成衣業突然蓬勃發展，大型連鎖成衣批發店一家一家開，老百姓添衣加套的消費習慣變了，大多往批發成衣店跑，老裁縫鋪子一下子就門可羅雀，眼看著再靠這一門手藝已不可能養家活口之際，篤信佛教的張老先生有次在廟裡膜拜觀世音菩薩時，不自覺的將自己的困境吐露出來，誰知矇矇中，張老先生覺得他聽到菩薩開金口，指示他到峨眉獅頭山買地，隨後他就打聽獅頭山有無任何農地要賣，真巧，一問之下真有人要賣農地，張紹和二話不說就結束裁縫鋪，

佛山有機茶園女主人曾是鋼琴老師

▼隨伺在主人旁的狗狗們

帶著僅有的資金買農地，蓋農舍，從此改行當農夫。

七十四年買地後，因為不是自耕農還不能過戶，但張紹和已很投入地學種木瓜、柑橘等水果，但外行就是外行，光靠自己摸索結果就是失敗，然後聽鄰田農友推薦學種茶葉，但因張紹和原本就對農藥化肥反感，那時若不噴藥簡直就是任其自生自滅，當然也是失敗收場，如此跌跌撞撞三、四年，家中生活情況也跟著「安貧樂道」，直到七十八年茶改場推出台茶十二號種，張老先生引進栽種後，開始有茶菁收成、能賣給盤商才逐漸改善經濟。

慣行農凋零　鄰田汙染漸歸零

張老先生回憶，那時買的農田背倚一大片原始林帶，附近均有其他農友種的慣行田，所買的田原本就是野放田，加上他堅持不噴藥，讓土地自然休養沉澱，讓作物去蕪存菁自然淘汰，加上鄰田多為老農，有的甚至佝僂成弧形還下田，也因老農不再追求產量及收益，多自種自吃、自給自足，所以藥也不噴了，整個山坡、空氣、水質、土壤的環境逐漸調整成無汙染空間，也正好給張紹和提供了栽植有機茶的絕佳條件。

從外行變內行，張老先生當年可是十分認真的買書、借書來自修，舉凡茶園管理、茶種屬性、茶葉辨識、茶湯品嚐、製茶技術、火候等與茶有關的知識、常識，張老先生真可說是從無到有無師自通。因感念菩薩指點，所以取名「佛山有機茶園」，經過十多年堅持，在八十六年獲得MOA美育基金會有機認證，此後，張老先生考量到自己年事漸高，體力不如以往，逐漸交棒給原本擔任鋼琴老師的女兒張月璘，到了九十五年，張老先生最後一次參加新竹縣東方美人茶製茶賽還榮獲特等獎，也因年紀已逾八十，乾脆就傳給張月璘接手。張月璘接著老爸的故事繼續說，她對茶的認知與種植、製作等概念全都是父親一點一滴教出來的，在實際作法上，她比父親更挑剔、更自然，「現在的有機茶園已沒有任何狀況會形成困惱了」。

學的是鋼琴　也曾想對茶彈琴

父親是虔誠的佛教徒，所以茶園中父親裝置了用太陽能供電的佛經錄音帶，二十四小時不間斷放送，茶園無時無刻都能聽到梵音佛唱，而所學是鋼琴的她，就想在茶園旁的農舍擺一架鋼琴，風吹草動時彈一曲讓樂符伴隨茶葉舞動，尤其是有機茶葉大

▲念佛經的小機器幫助園內植物成長
▶▲佛山有機農場老主人張紹和

多翠綠透亮，有能量有生氣光澤，若在成長過程能因樂音的滋潤而更愉悅，如彈奏〈快樂頌〉等輕快歌曲，相信枝葉也會隨之起舞，蟲子也會活蹦亂跳，任何人走近茶園，都應能感受到空間的躍動，茶株的搖曳，這才是有機茶園展現盎然生機的另一種型態。

身為全新竹唯一一家有機的東方美人茶，目前已供不應求，張月璘說，還好不是高山茶系，也不是重點觀光路線必經之處，觀光客與陸客較少上門，儘管單價比較高，但認同有機理念的熟

▲▶茶園的忠狗自在安坐
▶東方美人茶湯與茶乾

客十分理解，甚至有熟客說喝慣了，現在一聞就知道是不是有機茶，外頭很多茶都不敢喝了。

剛接手茶園時，張月璘對茶樹上的蟲子也是煩不勝煩，很奇怪這些蟲子怎麼都餵不飽，茶葉幾乎被牠們咬的體無完膚才罷休，她也曾嘗試過用生物防治法，但看到好蟲、壞蟲都被一網打盡，無差別式的「屠殺」她很不忍，決定不再用此法，接著就完全野放，讓小生物間自己找出一個平衡的生態機制。

雜草，則是令張月璘另一個頭大的事，起初她也效法父親完全親力親為，不請工人來拔草，但她發現雜草真如古話般「春風吹又生」，但她後來也觀察到草相其實也有一種生長循環機制、規律，如咸豐草有其強勢弱勢成長時期，其間會有其他草冒出取而代之（如二耳草），只要了解了草的此起彼落、此消彼長的循環，草相管理也不是那麼亂無章法、毫無頭緒了。

茶葉蟲先吃　剩下的才給人吃

在父女連手，接力的照顧管理下，佛山茶園的生態已呈穩定態樣，張月璘掰著手指說，茶園中有穿山甲、土撥鼠、竹雞、台灣藍鵲、黑冠麻鷺、畫眉鳥、白頭翁、翠鳥、鉛色水鶇、白耳畫眉、螳螂、螢火蟲，哇！不算不知道，一算才發現手指不夠用，她說雖然數的這些都會吃一些小蟲子，但牠們不會像蝗蟲過境般趕盡殺絕，有小蟲子在吃茶葉嫩芽、吸嫩芽汁液時，也一樣不會

種茶職人小絕活

佛山茶園產製的各種茶都是張老先生研製出來的，其中有一種「白茶」極為特殊，張月璘說是父親從書上看到中國大陸有一種白茶，為茶中極品（大陸人稱白毫銀針），再仔細鑽研，發現白茶就是另一種白毫烏龍，經過重萎凋、輕發酵，低溫烘焙後作成條索狀，茶葉略帶黃色，聞起來有毫香。張老先生可說是在台灣第一個作出有機白茶的茶農，他說白茶因為要採嫩芽部位，所以產量不大，直至現在也沒有幾家茶農會做，且因製作工序較繁複，費時費工，連學的人都很少。張月璘補充說，白茶茶湯很清香，色清明，在東方美人茶系中可說是獨樹一幟，目前都是採客製化供貨，要多少採多少、作多少，全部完銷。

▲茶湯清明的白茶

鋪天蓋地寸葉不留，幾年下來她發現大自然的「遊戲規則」就是吃飽了、吃夠了就飛走、讓開，如果用人為介入、人為干預法驅離或養天敵剋制，反而會造成周邊田地的壓力，與其如此，不如任其自然，她說「讓蟲先吃」這句話是父親傳給她管理有機茶園的最珍貴法門。

有一年暖冬，採茶時發現異於往年，有大量小綠葉蟬蜂擁而至吸吮嫩芽汁液，張月璘說，當她看到這個場景，心中油然浮現一幅畫面，一群瘦得不成人型、飽受饑饉之苦的孩子，爭先恐後的撲向送救濟物資的團體搶要糧食，於是她心一軟，就整片茶園都不採了，全部讓牠們吃個夠，想說等過冬後早春新茶長出再來採，結果隔年採收的茶用來作東方美

人茶出奇的甘甜，果香特別濃郁，覺得這種好結果應該歸功於去年暖冬來茶園「打牙祭」的小綠葉蟬，於是這一批東方美人茶就命名為「小綠葉蟬的餽贈」，以示感恩，但往後再想招徠那麼多小綠葉蟬已不可得了。

一人產製銷
張月璘活得滿足

民國九十三年，張月璘完全接手經營茶園後作了一個決定：這個茶園不因追求經濟收益而請求工人助種、助採、助製銷，她把父親自然有機的概念更提昇為「無所為而為」，一切順心自然，不論老天給你多少收成都應報以喜樂感恩，張月璘說其實在獅頭山這塊區域中，大部分都是「山居歲

▶佛山茶園每日採茶、每日作茶
▼茶園第二代女主人張月璘

月」，物質需求本就淡薄，兩老食衣住行都簡單自理，只要家中養的七、八隻狗飽了，看起來全家就飽了。

她舉一例說有一次周邊山坡上的檳榔園有人噴藥，她覺得那種從高處而下的空飄汙染很難避開，心一狠就把那一季茶葉全部作廢（以防檢驗不過），在農忙過後就向菩薩請示為什麼辛苦一季到頭來卻是如此？她說曾感應到菩薩告訴她，其實在農藥撲天而下之時，茶園中的生物——蟲、蟻、鳥都受驚了，祂願助張月璘一臂之力。張月璘其實也不知菩薩所說的助力是怎麼回事，誰知，當天下午就突如其來的下了一場好大的雨，颳了好一陣子狂風，她覺得經過這一陣風雨洗刷，那些農藥應該蕩然無存了吧！天曉得那位檳榔農也不是省油的燈，他在晚上至清晨，辛苦了一晚上再噴一次藥確保藥效，到了第二天下午，照樣一場傾盆大雨，又把氣味落塵洗刷得乾乾淨淨，這下子檳榔農認栽了，第三天以後就沒再噴藥了，張月璘這才曉得原來菩薩的助力是那麼強而有力。

說著說著，張月璘抬頭看看縮在竹編椅上睡午覺的爸爸，憐惜的說老爸到現在衣服還是自己縫的，他說裁縫是一輩子的手藝，永遠不會也不能忘掉，而種有機茶是人生追求與堅持的理念，不應也不能割捨，張月璘可說是「克紹箕裘」的經營，而且做得更講究，更清淨，透過有機茶園的管理，她真正體會到什麼是輕鬆、自由，這種生活能不甘之如飴嗎？

▲潔淨的製茶空間

種茶職人小檔案

茶農：張紹和、張月璘
茶園：新竹縣峨眉鄉七星村獅頭山山坡茶區
地址：新竹縣峨眉鄉七星村10鄰18號
TEL：03-5809019、0933-984376

▲佛山有機茶的茶名很具禪意

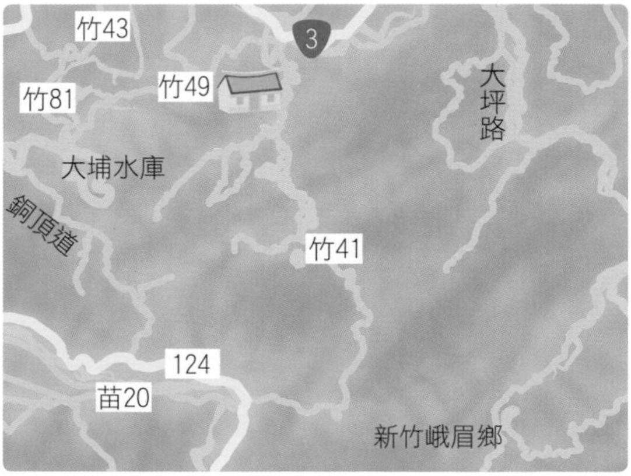

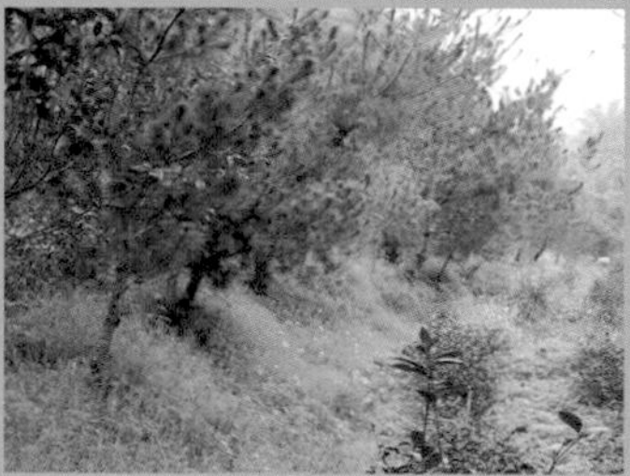

台灣有機茶區
——中部

[台中梨山茶區]

「販毒」出身的梨山七邦有機茶園

[南投埔里&松柏嶺&鹿谷茶區]

因時制宜、與時俱進的怡香有機茶園

楊紋綀的名倫有機茶園

產銷班蕭素月的村野自然生態茶園

山高水長的霧社銘記茶園

為衆守護身心靈的三淨生態茶園

不信有機喚不回的佳田茶園

視茶如親的春秋茶園

婦唱夫隨的日領茶廠

「親愛的」賽德克舒揚有機茶園

歡喜做圓滿受的歡喜圓有機茶園

壹

「販毒」出身的 梨山七邦有機茶園

茶區：台中市和平區梨山
面積：2甲半
海拔：1600公尺
茶種：清心烏龍
產製：高山烏龍茶、紅茶

「在梨山地區賣農藥、肥料賣了二十多年，當年整個梨山屯墾面積很大，不論種水果、種菜或多或少都在用藥管理，包括梨山、佳陽、松茂、環山、華崗、碧綠溪及老部落等地都是業務範圍，大體而言就是七個聚落，所以取名七邦農業資材行，之後轉作有機茶乾脆就叫七邦有機茶園。」園主人張欽兆說明「七邦」名稱的由來，也不諱言曾經靠「販毒」賺了些錢。

目睹農藥危害　人與土地遺殃

在販售農藥期間，雖然覺得錢滿好賺的，但也看到有些農友使用農藥時不是過量就是不戴防護裝備，經年累月的曝露吸收，而罹患不明癌症便過世。不少屯墾農地在被噴灑石灰、雞糞、農藥後，土壤呈現酸化、硬化，周邊水源遭汙染，整個生態環境破壞得令人心痛，當然也容易發生天然災害以致農友血本無歸，種種原因讓張欽兆發現，長此下去梨山的農作產業會走入死胡同，於是在販售農藥時，特別重視教育農友正確使用農藥的方法及觀念，並推薦有機質肥料取代化肥，期待農友配合進而讓梨山土地活化再生，然而不少農

▲張欽兆從販賣農藥轉而展開有機茶人生

友在收益及成本的考量下仍依然故我，張欽兆在無奈及痛心之餘，毅然收掉農藥行生意，將賺的錢投向防火建材生意，有點「眼不見心不煩」的味道，誰知道這個轉投資完全失敗，虧了一千五百多萬，在走投無路的狀況下，還好當年農藥供應商願意借錢讓他站起來，張欽兆想他終究與梨山結了不解之緣，就再回到山上買地，於民國八十四年，展開他的有機茶人生。

張欽兆的有機茶園座落在舊佳陽部落，原本這個區域因德基水庫關係而將部落遷移至更高台地，在保護水庫水源安全、無汙染的前提下，這片山坡是不能開發使用的，後來不知為何法令鬆綁，可耕作種植，於是他適巧買下一片二甲半左右的微陡坡山地，張欽兆

說他這片茶園剛接手時根本是片荒地，也可說是原始地，從台八線（中橫公路）光走路就要近一小時下坡，而且只有粗糙步道，勉強能騎機車，也因此這片地毫無汙染之虞，在築石牆、整地、接管等工作完成後，張欽兆就開梨山風氣之先——種有機茶，當年熟識的農友不是笑他傻就是笑他太閒，可是一路走下來近二十年有機茶生涯，旁人縱使看到他已紮穩茶生意的腳跟，還是沒有農友跟進，至今張欽兆仍是全梨山、福壽山唯一的有機茶農。

地形山勢有利 老天助他一臂

實際到張欽兆的茶園走一趟，真如他形容的要走好長一段坡路，但立定在茶園邊上，

◀被戲稱為「示範茶園」的七邦有機茶園
▶進入茶園的道路非常粗糙陡峭
▼水源充沛無汙染

深深覺得視野實在太好，俯瞰德基水庫，四面崇山峻嶺，山風吹來富含水氣及涼意，張欽兆說因為水庫的吸熱功能，這個區域日夜溫差動輒超過十度，也因水庫的水氣充塞在環山空間中，雖然茶園日照充足，但不擔心濕氣不足，這是老天給他最適合種有機茶的「微型氣候」。經過了三、四年實驗、摸索後，他的茶園生態已十分穩定、自然，從開始的有限、少量收成轉為一年穩當的三收，全年茶乾收成上看七千斤，產銷通路穩定，生意有了生活也自然跟進，他笑說有些慣行茶農的收益搞不好還比不上他呢！

從賣農藥到換跑道種有機茶，這種極端反差的改變對張欽兆而言，反而是最堅實的轉換跳板，張欽兆說看到用藥傷土、害人的惡例太多，所以在種有機茶時，特別重視土壤的保護，他說一般慣行農園的土地因為經年累月藥物戕害而呈現酸化、硬化，有機質嚴重缺乏、養分不足支持作物需求，以致農友必須加重用藥才有助作物成長，而這種惡性循環只會造成土地益顯不毛、貧瘠，碰到雨天水分只能在地表沖刷流失，土壤稍微下探深一點依舊乾巴巴的，我們常看到一些過度開發的山區每遇大雨就泥水橫流，甚至形成土石流釀災，就是這個道理，而他的茶園土壤因不灑藥，整個土層呼吸順暢，管道流通，雨水自然滲透到深部，茶園絕不會流溢泥漿，整個水土機制既自然又安全，有一次茶改場來茶園作土壤微生物採樣，他的茶園土質所含的微生物數量是全梨山最豐富的，茶改場人員笑稱他是否是在經營「示範茶園」呢！

管理順其自然　生態還你公道

一般茶園樣貌都呈現石階梯田景觀，而張欽兆茶園都是一片平坦，他解釋因為有機茶樹的根系會深入土層吸收水分、養分，這種與生俱來的向地性、向水性、背光性不怕天候變化，也因為基礎穩固茶樹生長就顯得生機盎然、枝挺葉茂不易枯萎。

而所謂的梯田茶園大多是屬於慣行農法，因慣行茶園土壤質地較硬排水不易，所以要用石頭搭階協助排水，想想看慣行農法每年光是農藥、肥料、除草劑等固定支出就夠可觀，在構築茶園之初還要花費比有機茶園貴的整地築階費用，再加上每隔二、三年就得翻土植株，這些都是重本，所以慣行農必須加大他的收益，投資報酬率才能滿足，而他種有機茶除了一開始整地、每隔幾年稍微翻一下畦間土、築園邊矮石牆當圍籬隔汙染外，其他均可說一勞永逸，蟲來了不管牠，自然會有其他物種隨後吃掉，像他茶園中諸如白頭翁、紅頭山雀、野蜂、金龜子等根本就把茶園當二十四小時不打烊的自助餐廳，很多茶園中必然孳生的蟲都來不及長大就被吃了，像捲葉蛾最常被鳥當點心，有一種肉食性的椿象，牠的口器會吸茶蟬體液抑制其數量，而椿象本身又是鳥類的零食，所以當茶園相剋機制形成後，根本不必擔心蟲害問題。

倒是有一種紅蜘蛛繁殖力極強，對茶樹枝葉發展構成影響，張欽兆說在引用茶改場教的硫磺粉、苦楝油適當成分比例混搭防治後，也化解了可能形成的禍害，不過用這種方法防治一定要注意配方比例，以免傷到茶樹、茶葉，至於芽蟲、刺粉蝨等就用窄域油防治即可。之前他發現茶園中有一株茶樹竟然寄生一隻蛀心蟲，這種會深植樹幹啃蛀樹心，造成整株樹萎凋，甚至還會蔓生至其他茶樹造成蟲害，還好發現的早，只有一株染蟲，他連根拔除後就解決了。

重品質建銷路　價位高於慣行

梨山農產在中橫路斷後，普遍都面臨運輸不便、成本增加的困境，七邦有機茶如何突破？張欽兆笑著說還好是作有機茶，因為有機茶比慣行茶耐放耐保存，若當季賣不掉也可儲存變老茶，甚至不像一般蔬果講究生鮮當令，賣不掉就壞了，所以非得往山下送。至於銷路問題，他舉一個例，在五十歲左右，曾北上在台北市大安森林公園參加梨山農產品展售會擺攤販賣，經過的人試喝多覺得口感不錯，但一問價位就裹足不前，有一位任職陽明山信用合作社的高層願試買二斤茶喝喝看，後來這位主顧主動找上門一次買五斤，至今變成一買就一百斤，問了之後才知是他的同

▲有機茶園採收女工多外籍姑娘
◀七邦有機茶葉肥大嫩綠

▲有良好的土質才有養分充足的有機茶園

栽茶職人小絕活

如果有慣行茶農想轉作有機茶，張欽兆建議要下重本改良土質，他認為「土地為萬物之母」，只有土質改善了有機茶樹才能長得好，一開始可適量用有機質肥料滋養土壤，千萬不能用動物性成分，要用植物性的如腐葉、腐樹皮，加上整地翻土讓養分滲透鬆動土層，大概三年後就可讓土質轉型。有些黑心商人會推薦用蔗渣加汙泥稀釋後當堆肥，但汙泥來源若是重金屬廠廢料，其含鍋量太高且毒性不易分解，最後積澱土層中將被作物吸收。另一種用豬糞、雞糞當堆肥的也發現其含銅、鋅量太高，至於用芝麻粕、花生粕、黃豆粕、菜子粕等作堆肥的話，其物種可能含的基因改造成分，目前台灣檢驗機制還無法完全掌握建立，對有機作物也沒好處。

在從事有機作物時，張欽兆認為心態及觀念是最根本的原動力，要改掉慣行農法「快速成長、快速收成、大量獲利」的念頭，因為有機茶講究的是健康、安全，重視的是天然風味，當你了解自己土地的土性、土質後，是砂土抑或黏土？是酸性還是鹼性？透水、透氣度如何？適地適作漸進改良就會有所獲，像他的茶園屬砂石礫土，本身就富含有機質，雖有微鹼性，但在用棕櫚灰肥、樹皮層等鹼性物質改良中和後，沒幾年就形成腐植土、有機土，其排水、蓄濕性都完善，植物種在這種地方根系深養分足。張欽兆說植物的根就像人的胃，胃會分泌胃酸分解食物吸收養分，而根會分泌根酸一樣作用吸收養分。有機栽培就是顧本、固本，有點像中醫中藥的君臣佐使的道理，達到中和調理之效，不像西藥必用胃藥來中和不適之感，長期服用胃藥怎可能對身體好呢？

▲凋萎中的有機茶葉

事、親友透過他團購，張欽兆說這只是他固定客戶其中之一。除此之外，也會參加農會展售或宅配，賣的茶價位比梨山茶高一些，但因顧客都是認同有機價值的，所以銷路還算平穩，加上台灣現在有機茶市場，像他的中高海拔的茶還不多，有一定的賣點。他強調絕不走茶行寄賣這種模式，因為有些農友轉述，曾經在茶行寄賣但發生混充、掉包等砸品牌之事，太划不來。也因為一路走來都非常重視自有品牌維護、自製茶葉品質，所以就算台灣茶市場飽受進口茶低價衝擊，七邦有機茶的銷路仍十分穩定。

▼▶七邦的梨山茶品牌包裝
▼製茶師傳技巧純熟

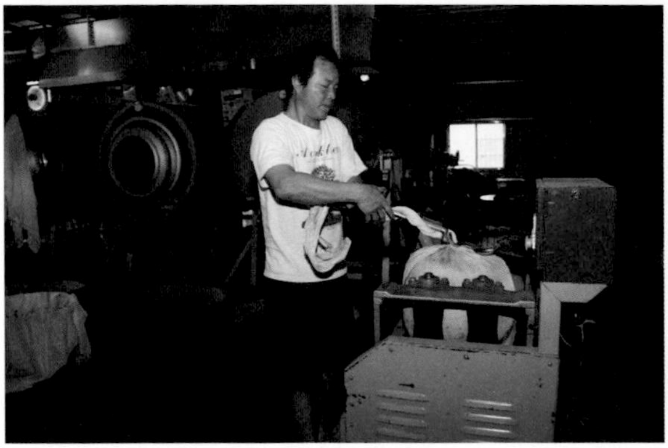

種茶必學製茶　做出個人風格

從茶外行一路打滾成茶達人，張欽兆是個人一貫的信念使然，他認為人入一行就應學一行，作一行就要精一行，所以在種有機茶之初，他以前熟知「販毒」的職業知識，只能當作有機茶這一行的「刪去法」，意即不能碰、不能用的部分。但作有機茶要學哪些、會哪些則靠自己看書、上課，就教有方來充實，從土壤養護、茶株管理、病蟲防治、生態保育、草相修剪等種茶必備的常識都要有概念，而茶葉收成後就立即進入製作過程，一個人若只會種不會做，保證無利可圖，所以他也發狠心鑽研作茶，尤其是有機茶一定要依賴作茶技法修飾賣相，否則很難入消費者法眼，他很自豪地說他製茶功夫曾名列全台前五十名好手之列，他的有機茶也曾在二〇一〇年第八屆全國國際茗茶評比，有機茶組榮獲金獎肯定。

如今，他最欣慰的是他的大女兒在從事護理師工作十年後，決定追隨父親腳步投身有機茶產業工作，願意從茶園做起，對已超過六十歲的張欽兆而言，有下一代接棒他絕對樂見，但他說，其實他最高興的是下一代接受有機的理念，希望這種理念代代相傳、代代推廣，讓台灣的有機社會早日形成、落實。

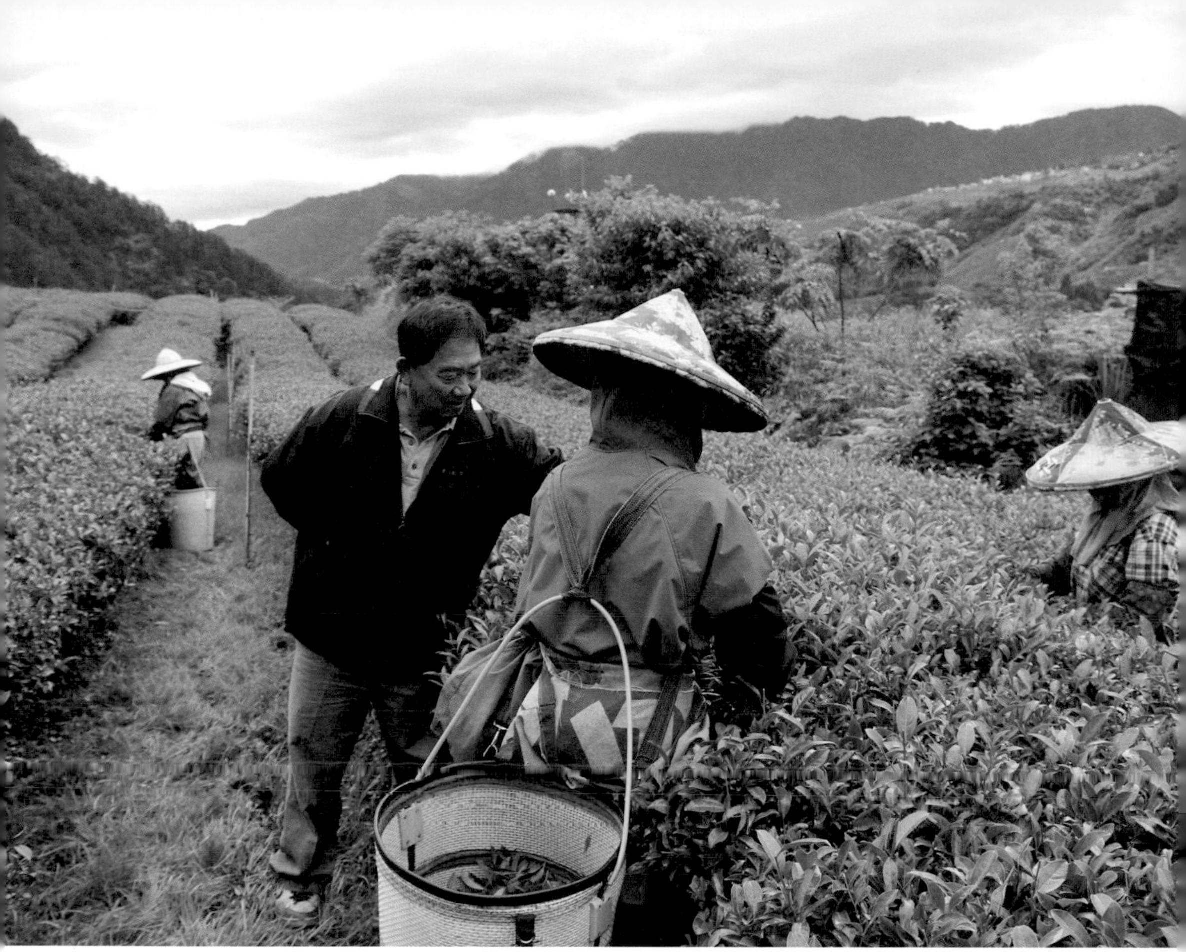

▲茶園主人親力親為

種茶職人小檔案

茶農：張欽兆
茶園：台中市和平區梨山德基水庫旁
（中興大學有機認證）
地址：台中市和平區梨山里復興路
電話：04-25989029

▲一喝就讓人變主顧的七邦有機茶

貳

因時制宜、與時俱進的

怡香有機茶園

茶區：南投縣名間鄉松柏嶺茶區
海拔：400公尺左右
品種：四季春、金萱、翠玉、台茶18號、台茶8號
產製：烏龍茶、綠茶、紅茶

「十二月底來啊，我們這個時候幾乎沒什麼事，不會耽誤任何事，放心！」南投名間鄉怡香有機茶園老闆謝元在爽朗的聲音讓這臨時起意邀約的我有些不好意思，不過也從他簡單的話語中聽得出他對時間與事情的搭配安排利用頗有規劃。一個冬陽高照的午後，走進謝家農舍，訝異環境的整潔，心想莫非男或女主人有潔癖？元在招呼我坐定泡茶時不經意的說這些都是老婆收拾布置的。邊啜著綠茶，邊看著他家牆上掛著好幾面獎狀、錦旗、證書，難道種有機茶也能在以慣行為主流的競賽中出頭嗎？

慣行一季噴三次藥　誰受得了

「我家原本也是種慣行的，但在八十六年我太太懷孕期間，照常下茶園做活，卻在牽管噴藥時被那個氣味嗆刺的受不了，甚至引發出血差點流產，嚇死我了，也是那時下決心不再種慣行，不再噴藥，改走有機路線。」謝元在談到換跑道的心路歷程時，面龐仍展現幾許憂懼之色。

而今回想當初慣行時，每一季都要噴藥三次，量大味嗆，許多人聞了都不舒服，有人甚至噴到暈倒，那時還以為是太熱或是下田前有喝酒所致，但太太的經歷如當頭棒喝般讓

▲謝班長潛心經營怡香有機茶園

◀帶動產銷班轉型的典範，茶園中以綠籬區隔

謝元在警醒，他說當下就是有一個好大的問號縈繞腦海，「古早沒有農藥，先輩們怎麼種茶葉？」後來得知前人大多用樟腦油、香茅油驅蟲，他從事有機初期也學著做，但後來有一搭沒一搭的噴油，甚而有時忘了，卻發現茶葉蟲害並不嚴重，整體而言茶樹長得也不錯，才發現大自然原本就有的平衡機制，像慣行噴藥，是把益蟲害蟲一起殺，搞得茶葉生長環境從自然變成化學，久而久之累積附著會有後遺症，而有機農法是透過自然生態機制讓益蟲附生，形成害蟲天敵，而這種天敵的自然現象絕不會趕盡殺絕，像螳螂、椿象都是益蟲，在幼蟲時他們食肉，可抑制害蟲的幼蟲量，到了成蟲就吃花蜜，而草蛉的生命力超強，專吃芽蟲、紅蜘蛛，紡織娘也是一樣，有了這些害蟲的天敵，根本不必刻意除蟲，只要做好茶園生態，讓牠們有空間存活成長互動即可。另一種是在茶園周圍廣植「綠籬」，如扶桑、咸豐草、竹樹等，至少可長二～三公尺，密度、高度都夠，且四季都有花開，能提供蜜源，創造自然生態環境。

種茶職人小絕活

謝元在推出的「有機烏龍花茶系列」也是全台創舉，他發現台灣一年四季都有不同的花在盛開，何不將這些花與茶結合，作出具有特別風味的花茶，於是他就與花農或花圃業者連繫，三月、五月與花壇花農合作，作梔子花茶、茉莉花茶；八月用自種的桂花作桂花茶；十一月與銅鑼花圃業合作，製成菊花茶，而玫瑰因台灣產量少，特別找外國品種，結果找到伊朗玫瑰，因為全年都有，隨時都能製成玫瑰花茶，而這些花完全不能含農藥，進口的必須經海關零檢出才合格，所以產銷班的花茶也在市場上頗有名聲。

▲與花農合作的花茶原料

成立有機茶產銷班　全台創舉

轉型為有機的初期，茶園中雜草蔓生、亂七八糟，和慣行一畦畦整齊有序的樣貌簡直是天差地遠，親友們莫不冷嘲熱諷：「你唷，明明就是懶，怕勞累，還拿老婆當藉口，好好的茶園白白糟塌成這款，真是敗家。」謝元在忍氣吞聲好

▲牆上掛著好幾面獎狀、證書

▲茶園採「育草畦」模式

一陣子，偌大茶園完全無收，靠出外打零工（當油漆工）養家，著實過了一陣子苦日子。

在MOA、TOPA等單位輔導下，謝元在轉作有機漸有心得也見成效，於八十九年獲得有機認證，那時剛好是九二一大地震過後不久，名間松柏嶺茶區盛傳有賊盜會來偷茶，於是茶農及鄉里青壯成立守望相助隊，一方面防盜，二方面拉攏彼此情感，當謝元在獲得有機認證後，其有機茶在村里中已小有名氣，也有幾位慣行茶農探聽轉型之事，謝元在就想，既然有同行想轉型，不如成立產銷班作集體經驗傳授。剛開始只有三人加入從怡香製茶廠改名的怡香產銷班，大家都是單打獨鬥各顧各的，後來才慢慢衍生合作生產行銷概念，先用二分地試種改良的台十八號紅茶，成效不錯，後再擴大為七分地，雖有人建議種青心烏龍，但發現其抗病性差，蟲害多，所以後來都改種紅茶，以統一採、製、銷的模式，建立產銷班基礎。

謝元在強調，雖然那時產銷班班員不多，但整體模式建立後，又盡量輔導班員自立門戶、自建通路，保留或創建自有品牌，維持「同中有異、異中有同」的共通理念，慢慢地引起了其他茶農的好奇，到九十一年時，參加人數已有十幾人，謝元在取得大家共識後，決定成立特用作物產銷班第十班，也是全台灣第一個以有機茶為主而成立的產銷班，當時在名間的確引發不少議論。

接連獲獎　走出台灣進軍國際

在大家有志一同、同心協力耕耘下，產銷班收益日漸擴增，但仍不及慣行茶的收益，正當班員有點人心浮動之際，產銷班在九十四年獲得全國十大績優農業產銷班殊榮，這項肯定也開了有機茶產業先河，原本有點動搖的班員此刻有如被打了強心針，大夥更堅定的往有機這一條路邁進。

謝元在認為，加入產銷班其實可節約成本降低壓力，因為班員都根據個人意願分工參與不同種、採、製、銷等階段，若獲利不佳，就召集大家研商如何調整平衡利得，而且鼓勵班員保留部分自主茶園自創有機品牌，如此公私兼顧且能以有餘補不足。

松柏嶺茶區是全台茶葉產量最大、種植面積最大的茶區，謝元在覺得雖然海拔才四百公尺左右，但松柏嶺的優勢不是高度，而是全區早晚都有霧，溼度夠，白天日照充足，十分適合茶葉生長，定型為有機茶園後，生產成本真的省很多，農藥免了肥料省了，多出來的人工勞力可從事其他工作，而且慣行茶一斤五～六百元，有機茶均價為一千四百元一斤，以一甲茶園來算，收益不比慣行茶園差。

產銷班除國內通路穩定拓展外，謝元在更著眼海外，他敘述

▲蟲咬的有機茶乾

▲蟲咬痕跡

▼▶取得多張製茶證照
▼怡香自然農法大葉種紅茶與烏龍茶品牌

一個慘痛的經過，讓他覺得只有打開海外通路，產銷班才算成功。謝元在說有一次參加世貿茶展，有位日商很中意產銷班的茶，一口氣就下訂二貨櫃，謝元在當場傻眼，沒那個產量的他根本吃不下那份大訂單，只好眼睜睜看著商機溜走。等他回名間向班員訴說時，班員莫不大呼可惜，謝元在也趁機鼓勵大家全心投入生產種植，至今產銷班二十二公頃茶園中有八公頃為認證三年以上的全有機茶園，年產約八萬台斤，大概是同面積慣行茶產量的五分之一弱左右。而班中其他的茶園為鼓勵多元發展，大多種植飲料茶原料，也因茶種有異，在種、採、製、銷等作業過程時間錯開，不致造成班員勞動時間的擠壓、重疊。

先後獲中日港認證　前無先例

謝元在成功地讓產銷班走到多元化發展領域，他覺得接下來應走上多面向推廣境界，他以身作則取得香港、日本、中國等地的茶葉、茶道、茶師等認證，並帶動班員積極推動國際茶產業文化交流，新加坡曾連續派好幾梯次學員前來觀摩學習。

雖然投入有機茶領域一晃眼已十六、七年，謝元在認為台灣人對有機茶接受度仍存有很大成長空間，儘管成長空間大，但若有機茶產量不能穩定、品質不能保證的話，對整個產業仍有不利的影響。謝元在主張，若要讓有機市場成長，必須設法讓有機茶達到一定程度的量產，他現在的茶園採「育草畦」模式取代原來

▲茶園採「育草畦」模式雜草生長情形

「草生栽培」，他說草生栽培固然讓草自然成長開花，但會越長越茂盛，侵占茶樹生長空間，而育草畦型態既可保留雜草成長區塊，也能維持一畦一畦間的茶樹成長空間。謝元在估計，若為達到符合量產需求，一年就必須採收四至五次，在採收率高情況下，土壤地力中的氮元素含量易流失，故需補充有機肥，以免影響土地生長力。如此反復施作，三年後應可達到初期量產目標。

至於茶農品質部分，謝元在認為台灣茶市場從傳統生茶到凍頂烏龍、再被高山茶取而代之後，現下已慢慢呈現紅茶異軍突起之勢，這說明台灣喝茶的人從原本重健康的發酵茶口味轉變為重香氣的凍頂烏龍及高山茶，而今紅茶又隱隱然有當今之味道，顯示喉韻與蜜

▶怡香自然農法烏龍茶

▼帶有花香的紅茶

香、花香等特性有捲土重來的可能，而有機茶葉因被蟲咬過、被蜂針吸過，外觀較不整齊，但用傳統重發酵法製茶，能保留明顯的蜜香，且口感香氣較內斂，喉韻能經久不散，泡出的茶色呈金黃琥珀般的較重色澤，不似慣行茶湯易泛綠光，謝元在建議，喝有機茶最好放到涼再喝比較能回味，蜜甜香較持久。而一般慣行茶須熱飲，若涼冷喝會有苦澀之感。

「有機這條路真的是走得很累、很辛苦，還好有邀集同好成立產銷班，大家分工合作眾志成城，把有機茶這塊招牌在台灣最大的茶葉產區松柏嶺豎起來。」謝元在回首這些年的「戰果」，他覺得如果有人想投入有機茶這領域，應先搞清楚自己是否要靠有機茶賺錢，若不想的話，就單打獨鬥自立更生，養活自己及家人應沒問題，但就是非常辛苦。若想靠種有機茶賺點錢（談不上發大財），最好結合周邊同好成立產銷班分工合作，省錢省時又省力，與營利目標最接近。

黑烏龍茶VS紅烏龍茶

黑烏龍茶同樣是烏龍茶種，只是烘焙的程度加重，而紅烏龍茶則是近年台東鹿野地區研發，加入了紅茶製作技法製造出的烏龍茶，即稱為紅烏龍茶。

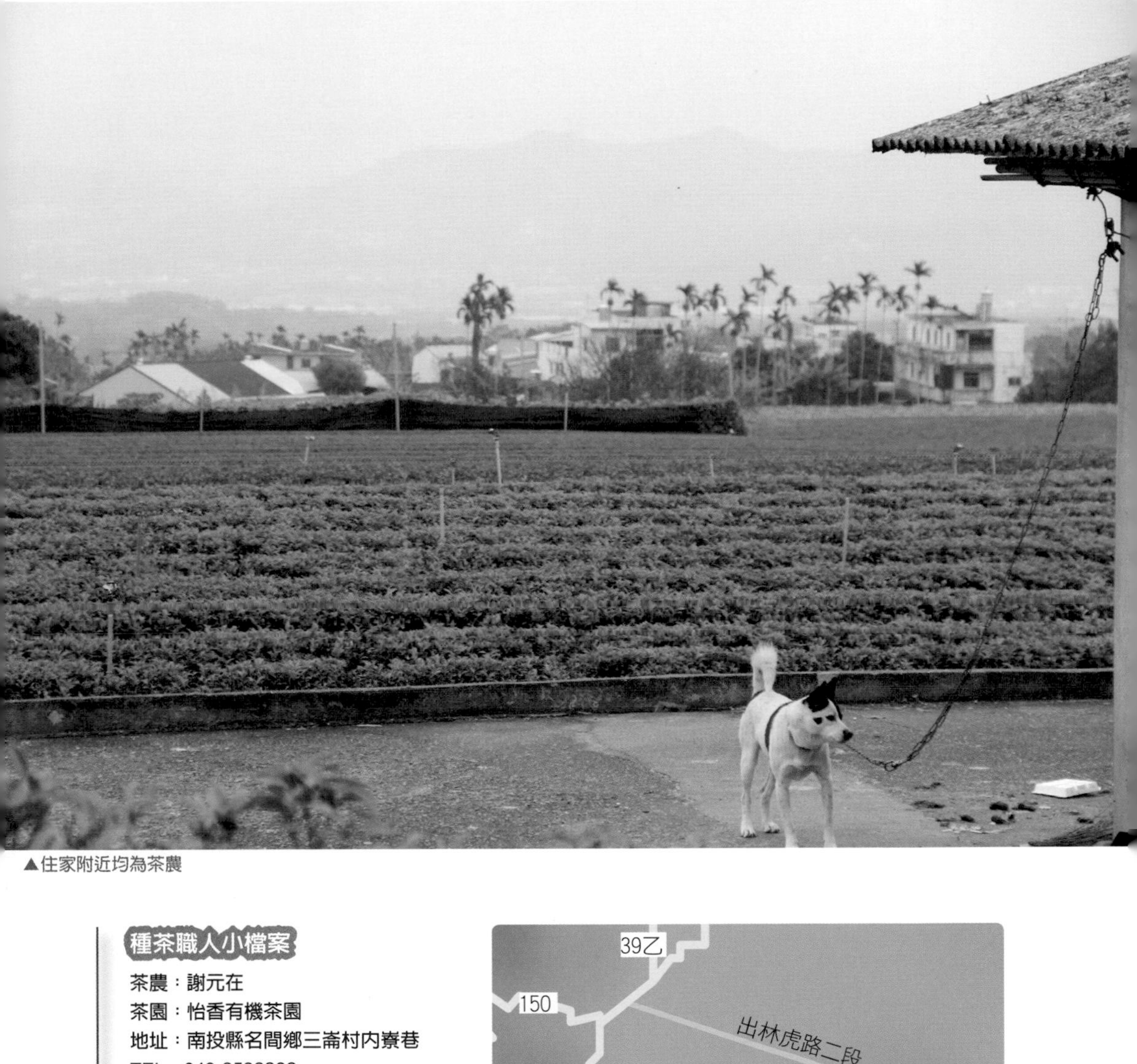

▲住家附近均為茶農

種茶職人小檔案

茶農：謝元在
茶園：怡香有機茶園
地址：南投縣名間鄉三崙村內寮巷
TEL：049-2582282
傳真：049-2580700

叁

楊紋練的

名倫有機茶園

茶區：南投縣名間鄉松柏嶺茶區
海拔：400公尺左右
品種：台18號茶大葉種
產製：手工紅茶與機器產紅茶

「以前自然農法種的有機茶，一斤至少九百～一千二百元起跳，產量雖少但成本不高，且茶農照顧過程不會太累，但後來經茶改場教導，酌施有機肥提高單位產量，沒錯，產量是增加不少，可是市場的價格也因供給方的量大而滑落，茶農不見得因此受惠，況且在種植採收過程，茶農付出的心力時間更多，相對成本也提升，有機茶農可說是有得亦有失，唉！很累哦！」身兼名間鄉三崙村村長的產銷班班員楊紋練有感而發的慨歎。

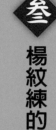

認同有機理念　但需耐心護茶

在九二一大地震後加入茶區的守望相助隊，楊紋練回憶當時是現任產銷班班長謝元在轉作有機茶後，在隊上大力宣導種有機茶於人於己雙贏的好處，也有部分隊員（原本都是慣行茶農）在謝元在的「感召」下轉作有機茶，他也差不多在那時試作，剛開始只將家傳茶園中的二分地拿來試種，但也許選擇的茶種青心烏龍不適合種有機，惹得茶樹一身都是病蟲害，後來聽農友介紹改種台十八號茶大葉種，抗蟲成效不錯，至今已擴展有機茶園約七分地，所產的茶葉專作紅茶。

楊紋練說他家三代種茶，都是慣行茶，到他身上才開始局部轉型，從小就看著長輩製茶的他，也練就一手純手工揉捻茶葉的好功夫，雖然大部分採收的茶是用機器製作，但仍會保留小部分茶葉用自

▶▼身兼名間鄉三崙村村長的產銷班班員楊紋練在茶園內
▼有機茶園內被蟲咬的痕跡
▼▼有機茶園內一種叫「避債蛾」的害蟲幼蟲會織布袋，
也很會啃茶葉，繁殖力極強

己雙手慢慢揉捻，楊紋練認為手工茶是門絕活，不能因有了機器就把家傳手藝擱下，而且因手工茶量少而精，除非好朋友來訪，一般而言就是「私藏茶」，在市面上可說是有行無市。

有機茶因不噴藥，所以蟲害不少，在產量少賣相差的影響下，楊紋練一度有意打退堂鼓，但因這些茶樹都是他當初一株株栽種的，少說也有十多年歷史，捨不得剷除，最後還是忍住雜念，以最大的耐心去照顧茶樹，並在產銷班班員的無私傳授下，學會了不少驅蟲避藥的方法。

落實有機生態　蟲害自然減少

「剛開始，真的被那些蟲害整死了，尤其夏秋時節又熱又濕，蟲特別多，出錢請人抓蟲都沒人要做，太累了。」楊紋練說起抗蟲經驗特別有勁，他說有一種叫「避債蛾」的害蟲，牠的幼蟲會織布袋，也很會啃茶葉，繁殖力極強，在不能噴藥前提下，只好用人工一個個除掉，但事倍功半非常頭痛，還好後來發現有一些鳥會來幫忙吃避債蛾的幼蟲，乾脆不用人工除蟲，全交給鳥幫忙，結果成效比人工還好，楊紋練說這是他對大

▼▶楊紋練說他家三代都種慣行茶，到他身上才開始局部轉型
▼製茶設備齊全

自然的相剋機制最深的印象。

在有機茶園周遭廣種竹子也是楊紋練的絕招，他覺得既然要做綠籬，就要長得夠高夠密效果才好，所以他以竹子為籬，充分作到杜絕空飄汙染，但這只是針對噴藥而已，對茶樹的病蟲害就不見得有效，所以有機茶農對茶園的自然生態要細心維持，楊紋練說他的有機茶園中有蛇有蟋蟀，這意味著茶園的生態很健康，當生態達到一定平衡後，蟲害會不增反減。而且周邊的慣行茶源不斷噴藥驅蟲，但藥效一過或變淡變稀時，蟲就會跑去「避難」，因為有機茶園裡牠們的天敵太多了。

參加有機茶產銷班與當村長這兩個角色有無衝突？楊紋練一邊吃著剛烤出來的有機山藥餅（自家種的），一邊爽朗地笑說：「當村長可名正言順地去各家茶園巡視，一些撇步都在眼裡，瞞不了我，三崙村民大多是茶農或與茶相關產業的業者，我要是不種茶，這個村長絕對選不上，就算當上也做不久。而我雖是產銷班一員，但在村中事務上絕對不能徇私，茶農跟村長這兩個角色的分際我分的很清楚。」

▼參加有機茶產銷班與當村長的楊紋練非常好客，住家屋外院子即泡茶區

種茶職人小檔案

茶農：楊紋練（產銷班班員、村長）

茶園：名倫有機茶園

地址：南投縣名間鄉三崙村

TEL：049-2580078

▲保留小部分茶葉，用自己雙手慢慢揉捻的手工茶

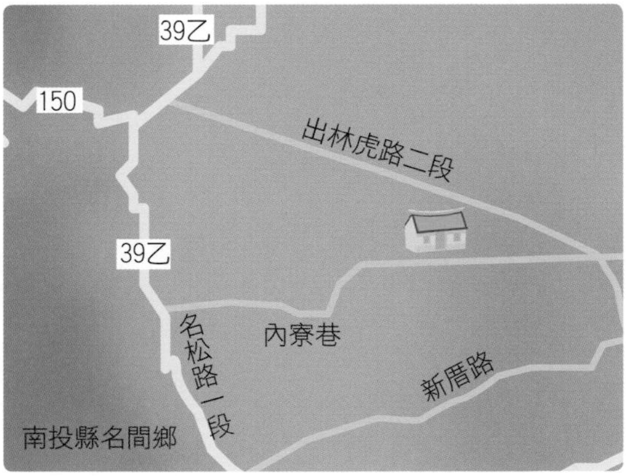

肆

產銷班班員蕭素月的

村野自然生態茶園

茶區：南投縣名間鄉松柏嶺茶區
海拔：400公尺左右
品種：四季春
產製：四季春綠茶（村野茶）

在產銷班中已建立自有品牌的蕭素月，可說是產銷班之花（唯一的女性班員），第一眼給人的印象就是幹勁十足、豪邁爽快，非常阿莎力，她說從事有機茶這一行，耗費的心力、煩惱比慣行多太多了，對這些茶樹她是又愛又恨，愛它們的自然、純淨，但也恨它們的成長過程那麼麻煩，比照顧孩子長大還煩人，所以她對茶樹已絞盡腦汁，對人就別那麼費心神了。蕭素月這一套「人與茶」的人生觀還真有趣。

為了先生的手　從慣行轉自然

結婚前對茶這行業一竅不通的蕭素月，嫁到名間後，因先生陳福榮祖傳三代都種茶，就跟著公公學，凡茶園中所有技術與知識、常識，都是公公口傳手授，也因為先生天生一雙富貴手，在以前還是慣行茶園時，先生的手只要一接觸到農藥就又痛又癢，後來乾脆去當南投市政府公務員，遠離茶園，而繼承名下的茶園就落在蕭素月肩上，在加入產銷班後，蕭素月決定將家中一甲茶園轉作自然農法，不噴藥不施肥，儘管如此，先生對茶園的環境仍不放心，不敢接觸，在轉型初期，蕭素月深感得不償失，但在班員的鼓勵與打氣

▲「產銷班之花」蕭素月的有機茶園

▼有機茶園難解的避債蛾蟲害

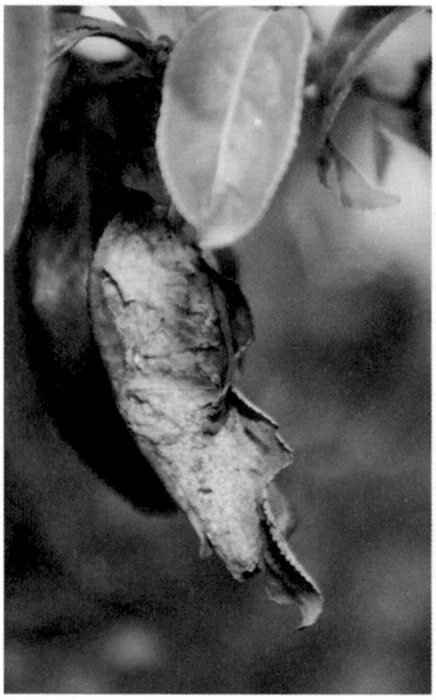

▶▼加入產銷班後，蕭素月決定將家中一甲茶園轉作自然農法，不噴藥不施肥

下，她堅定換跑道的信念，也堅信以健康為訴求的自然農法有機茶是值得終身投入的。慢慢地，先生每逢假日（公務員只有假日有空）都會陪她下茶園，東摸摸西弄弄，手一點也沒不適的感覺，蕭素月這時覺得轉型真好，不是好在收益，而是好在夫妻的工作與生活、休閒又連結一起了。

目前的自然農法茶園是採「草生雜伴茶樹」的型態，因周遭還是有不少慣行茶園，蕭素月為維持茶葉的純淨生長環境也傷透腦筋，在試過一些方法後，茶改場的老師告訴她可能要用「雙管齊下」的方式才能確保隔絕空飄汙染，於是她在茶園周邊種了一排又一排永不採摘、永不剷除的茶樹，任其長的高又密，形成一道寬達三公尺的綠籬，再加上在茶園邊畦安置整排的噴水頭，每天定時密集噴水，形成一道水牆，讓所有可能越過綠籬的空飄物質均被水氣水珠沾附而墜地，如此雙保險式的隔離帶也的確讓她的茶葉品質穩定、純淨，對爾後申請品牌認證提供極大助力。

產銷得利乘便　建立自有品牌

既然加入產銷班，為何還要自創品牌？蕭素月對這個問題似乎一點也不陌生，大概一路走來已有不少人問過她，她覺得加入這個產銷班一方面是認同有機茶這個理念，一方面是覺得透過產銷一體的經營模式，她會有更多時間經營自己想經營的區塊，加上班長謝元在也很鼓勵班員自創品牌，除了她的村野外，還有其他班員自創的品牌如佳紘、百香等，產銷班的茶以批發為主，自有品牌的茶則主打零售，一點都不衝突，尤其在經銷通路上，產銷班的通路非常活絡，自有品牌既然有順風船可搭，怎麼可能上岸鑿船自毀生路，在各取所需互蒙其利的前提下，與產銷班絲毫沒有競爭味道，縱使參加茶展相鄰擺攤，也是互相介紹毫無敵意。

蕭素月覺得這裡面最重要的就是通路，茶農自己找通路是非常辛勞的，有時累了半天都毫無收穫，加上自有品牌在市場上多名不見經傳，通路商不信任、不放心，要取得訂單有相當難度，但若搭上產銷班的線就有事半功倍的效果，所以縱使已建立自有品牌，她對產銷班仍是心懷感恩的。

有機茶園旁架設圍籬網設備

▼製茶過程要先精挑、分類葉片
▼▼古厝外乾淨清爽，與茶湯色吻合

一甲有機茶園面積不算小，加上又採草生雜伴型態，當野草在茶樹間蔓生，怎麼處理？

蕭素月帶我們到她的茶園旁實地了解，她說有機茶園的每一個過程時間表都要與慣行茶園區隔，所以在請工人方面不致撞期，有機茶園雖有些蟲害，但無農藥不會傷害身體手腳，所以茶園請工時舉凡除草、驅蟲、採收等都還請得到需要的人數。至於雜草蔓生，她不會要工人一次全部除光，她認為雜草不是只有害處，雖然會搶掉土地中一部份養分，但也會吸引一部分益蟲駐留，只要雜草不是長得太茂盛、甚至遮住茶樹的日照即可。看來蕭素月深得自然農法個中三味，除了在茶園農事上駕輕就熟外，在日常生活，為人處事上也頗諳「自然」的玄機。

採茶女工忙著撿茶分類分級

種茶職人小檔案

茶農：蕭素月
茶園：村野自然生態茶園
地址：南投縣名間鄉三崙村
TEL：0921-952155
FAX：049-2581081

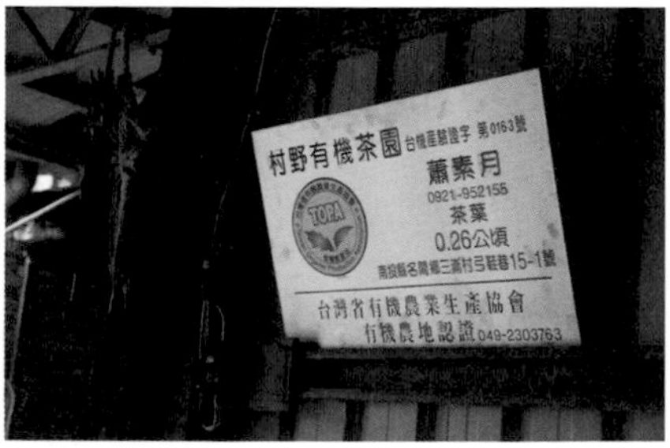

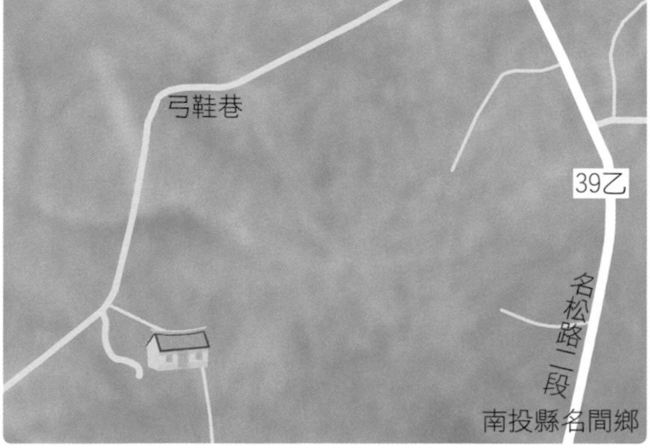

伍 山高水長的 霧社銘記茶園

茶區：南投縣仁愛鄉大同村高峰山區
海拔：1450～1500公尺
品種：青心烏龍（軟枝）
產製：高山烏龍茶、紅茶

「你們從霧社往清境農場的路上，會經過一個大彎，左轉上山就是往清境，右邊叉路就是往廬山、奧萬大，在右邊叉路前有一條上坡路，你們沿著這條路一直走，就能到銘記茶園了」，聽了茶園主人張正光透過手機詳細的敘述，獨獨對他說的那條去茶園的路毫無印象，也罷，明天一大早出發找找看。

群山抱茶園　如世外桃源

過了霧社找到了張正光形容的那條產業道路，就一路蜿蜒直上，沿路山林景況還真不錯，路邊有不少茶莊、茶園，但沒一家叫「銘記」，張大眼一直往上盤旋，路愈走愈窄，甚至只容得下一台休旅車，張正光還不時來電提醒我們該左轉或右轉，要走右叉還是左叉，總覺得我們行進過程他都看在眼裡，猛地醒覺，他應該是站在高處才能一目了然，那他的茶園住家也應在高點，於是抓緊方向盤再往上開。山路足足開了一個多小時，總算到了銘記茶園，這時才早上九點多，張正光在路口招呼，一下車就被這三百六十度視野征服了，陽光、山、風、土味、林香，這塊茶園所在真是得天獨厚，張正光說這片山地是他父

▲往茶園的上坡路，四季風景多變化

親三十多年前在埔里高工任教時，偶然的機緣買下，然後擇時上山墾地，那時還找了不少住在春陽、清境、霧社、廬山等地的賽德克族原住民幫忙。

張正光用腳蹬了一下土地，他說現在站的這顆山頭叫關頭山，在地人叫高峰山區，正對面就是合歡山東峰、主峰，還看得到山頭積雪，左右都是二千公尺以上的高山環繞，每天坐在茶間從早到晚就可看到不同的山嵐景色變幻，好像在觀賞群峰的幻燈片，到了晚上，清境那片坡地更是燈火輝煌，有時隔山遙遠還聽得到那邊的音樂聲，很奇特的感覺。

茶園坡度大　氣流隔汙染

在住屋旁就是一大片環山坡種植的茶園，張正光指著那片大

約十五至二十度斜度的陡坡，就是這種斜度讓山中的上升氣流成了天然防護牆，在春夏秋三季時吹的是東南風，這種風在山谷中會有上升作用，而這三季往往就是慣行農作物（包括水果、蔬菜、茶等）噴藥施肥的旺季，但受惠於上升氣流，他們噴灑的藥都不會對銘記茶園造成汙染，而冬天吹北風或東北風，雖在山谷中會形成下沉作用，但因冬天慣行農也不噴藥，所以對茶園沒有影響。縱使如此，為了獲得有機認證，張正光還是在茶園邊種了一高一矮兩道綠籬，高的種肖楠，矮的種桂花，此外還留茶園外環兩到三畦茶樹不採收，當作隔間帶，他說從九十五年轉作有機茶後，嘗試過許多不同管理方法，如有機肥、生物防治、草相管理等不一而足，至今採用的是自然野放、人工除草的方法。

這座山頭叫關頭山，在地人叫高峰山區

▲返樸歸真的張正光所顧看的茶園

在轉作有機後，最讓人頭痛的就是蟲害問題，張正光剛開始也會用一些有機的驅蟲藥驅趕，沒多久就發現像椿象、草螟等茶園常見的蟲驅之不盡，其他有機農友說的「生態平衡」更是遙不可及，這時就想起父親當年曾告知「山上的小蟲不必去干擾，用藥只要達到驅趕效果即可，時間到了就灑些藥抑制蟲卵繁殖，千萬不要用殺蟲劑，因為蟲會越殺越強壯」。

再加上慈心這個有機認證機構一些前人經管有機茶園的經驗，張正光發現自然相剋機制才是生態平衡的最主要原因，於是張正光「放手」了，他深刻體認真正的「有機」意義，他認為不用藥、不施肥只是狹義的有機，廣義的有機應是尊重土壤自然循環、生成機制，環境中該有的蟲害、災情就是有機現象，我們種的茶樹原本是深根形植物，但台灣慣行茶農採淺根形栽植，對土地沒任何好處，張正光在轉作有機後就以留根方式讓茶樹深植土層，根系深化後養分吸收層也深入，茶樹長得比較高。

赤腳踩茶園　人生一樂也

原本在台中從事餐飲業的張正光，在接手家傳產業後就把生活重心放在山上，起初對山林間的蚊蚋非常不適應，不斷被叮咬，渾身紅腫斑點十分難捱，但一個多月長居山間的日子，也許是飲水、食物，也許是山嵐霧氣，他的皮膚竟然不再怕蚊子了，張正光方始覺悟，原來人本來應是大自然中一份子，因在都會中生活，飲食、空氣都不自然，把身體也搞得和大自然格格不入。於是張正光在山上身體力行，開始吃素，盡量就地取材，山上有什麼吃什麼，對茶園管理也從有機肥到自然野放，他說他家茶園應該赤腳參觀並勸我們試試，赤腳踩在茶園土地上像不像踩在地毯上，鬆軟的有機土壤踩上去很舒服，不像慣行田地土質較硬，踩上去腳底板會痛。

目前他的茶園中唯一人工介入的工作就是除草，張正光強調只有蔓藤長得太密太茂盛時才會找除草工幫忙，其他一般除雜草都是自己一個人慢慢清，因為自己的茶園自己最清楚哪株茶樹旁的草長得快或慢，那棵草長得高或矮，而且若有野生野百合長出來，千萬不能當野草一起剪除，因為野百合對土壤有好處的，其葉片呼吸力道比茶葉強，花很香能吸引不少蜂蝶小蟲採蜜，有助茶樹生態的多樣化。

在山上種茶、採茶、製茶一手包，張正光也會覺得累，尤其有一年辛樂克颱風肆虐南投山區，茶區對外唯一的產業道路肝腸寸斷，整個仁愛鄉山區幾乎成了廢墟，下山無路上山無門，那時人在山下的張正光急得跳腳，隔天就設法從山的另一側徒步上山查看茶園，結果銘記茶園的方位還真是得天獨厚，強風暴雨都未造成巨創，而且在茶園邊原本就有的一些原始林木也擋掉了不少

種茶職人小絕活

儘管張正光一再強調他是以自然野放方式管理茶園，但他也會想方設法豐富茶園土壤養分，雖然他說這個高海拔茶區本身就受惠於山谷中霧氣雨水帶給土地所需的氮、磷、鉀等有機元素，再加上他會在茶園中種幾棵赤楊木，這種赤楊木的根瘤能結合土壤中的氮元素，作有機分解後再釋放出來供給其他作物所需的養分，效果還不錯。此外，他還會在每年秋茶收成後，在茶園中遍撒油菜種籽，沒多久到了冬季就會開花結果，黃澄澄的油菜花在冬天的山坡上非常好看，等油菜花季過了，就任其凋零枯萎落花落果，在土壤中自然分解形成天然綠肥，大幅增加各種微量元素，為春茶的成長提供充分養分。

▲山上的四季花草，落英繽紛

▲適合山居歲月的茶屋

風雨，張正光從那時起就結合產業道周邊的農友在山上、坡邊、路旁廣植樹木，不論是景觀或防災都有一定效益。

台灣有機業未來性很大

目前一年收成約七百斤茶乾的銘記茶園，總量並不算大，但比起剛轉型期間，已穩定多了，家人的雜音也少了許多，張正光也感慨，台灣有機農業起步太晚，市占率太低，種類也太少，所以市場價格居高不下，不像德國有機產業很早就廣泛推廣，整體農作有機化比例約占七成，且各種農產品都有，所以德國有機農產價位不會高貴，而台灣有機農產僅占市場一成多，產量少自然價位高，如果農政單位大力推

廣，把有機農業當作主要補貼項目，那麼從事有機農產的人口必然增加，種植有機農產的面積也會拓展，所選擇的農產種類也會更多樣，市場採購有機產品的消費者定然倍數成長，只要讓有機生活形成一種慣性，台灣的有機產業自然會走出一片天。

張正光認為，慣行茶與有機茶的飲者族群涇渭分明，當嗜好性形成後要改很難，有機茶不像慣行茶要什麼口味就用什麼肥料，有機茶的風味來自大自然及土壤的變化，不是人為介入可操控的，所謂「土香水淨花自開，花開葉茂蟲自來」，只要有耐心，不急不棄，大自然給予有機農的回饋經常是意外的驚喜，反過來說，以前種慣行茶時一年下來收成那麼多，難免會擔心賣不掉、賣不好怎麼辦？而今有機茶一年到頭就收那麼七、八百斤，賣茶壓力反而沒那麼大，心情放鬆了，活得也更快樂。

由於有機茶的成長特性，製出的茶葉難以規格化、標準化，也無法控制產量，所以張正光在製茶功夫上是下了不少時間鑽研，他認為製茶的每個階段、每個細節都是巧妙存乎一心，過程

▲來自有機種植的茶湯

▲嘗試以傳統的蒸籠製茶

▼▶銘記茶園選擇有機之路，雖辛苦卻也等待發光發熱
▼銘記茶園出產的茶葉

▲主人居家環境遺世獨立

中的技法因各人感受而異，他在三、四年前開始用夏、秋兩季的茶製作紅茶，也曾在二〇一〇年獲得第八屆國際名茶評比有機茶組銀牌（世界茶聯合會舉辦），就算光環加身，張正光依舊認為比賽茶讓茶葉多元表現侷限了，窄化了，因為茶葉是活的，每一步驟技法微調就會產生很大特性差異，而這種比賽在有機茶領域中，以慣行茶既有模式及標準當評量基礎，對有機茶本身似乎不盡公允。他強調，有機並不是要否定慣行，因為很多生態根本不適合作有機，他建議凡選擇走到有機這條路的農友們，一定要有包容心，不要一味排斥否定慣行族群，畢竟有機市場與慣行市場可說是相輔相生的。

▲品茗的一方天地

種茶職人小檔案

茶農：張正光

茶園：霧社銘記茶園（慈心認證有機茶）

地址：南投縣仁愛鄉大同村高峰62號

TEL： 0932-647230

▲銘記茶苑出品

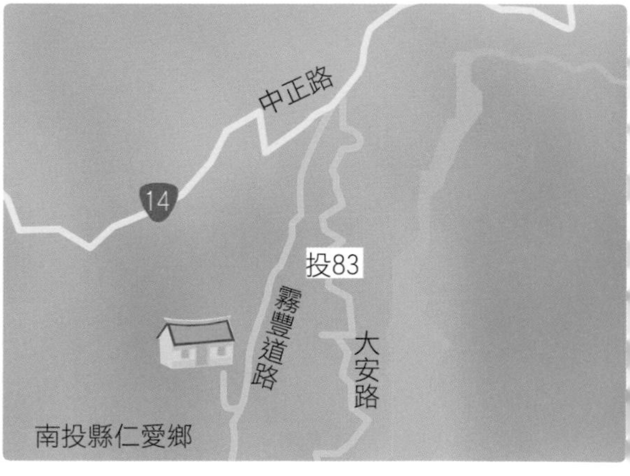

陸

為衆守護身心靈的

三淨生態茶園

茶區：南投縣民名間鄉松柏嶺茶區
海拔：400～500公尺
品種：金萱、翠玉、大葉烏龍、台18紅茶
產製：半發酵烏龍、紅茶

「一個從小接觸農事，家中幾代務農，大學、研究所學的都與農業、生物科技有關的年輕人，在退伍後就返鄉投入田園農務，也算是學以致用了，但在實際耕作時才發現理論與實務的差距；知識與經驗的不相容性，所以在務農初期會與家中長輩常生爭執，舉凡效率、效益、方法都是爭論點，但是服輸的大都是我這個『學院派』出身的，因為老人家憑經驗累積出的應變之道實非書本中能教導的。」三淨生態茶園現任主人李明翰回想這六、七年來返鄉務農的心路歷程，深深感受到學與用的結合，不是那麼簡單的事。

從慣行轉有機　父親從不言悔

大約在讀高中時期，父親就決定棄慣行轉作有機茶，那時的李明翰半大不小，正準備考大學，對家中農事也一知半解沒啥概念，一直到研究所拿到碩士後，在入伍前一段日子賦閒家中，與父親聊到家中農務現況，才了解父親「換跑道」的初衷。父親李新墻說有一次在慣行茶園噴藥，不小心噴到一隻雛鳥令其墜地奄奄一息，隨即看到母鳥悲鳴而叼走垂

▲三淨生態茶園位處松柏嶺茶區

▲四處蒐集來的落葉準備鋪設茶園中

死幼鳥，父親說那個畫面重重撞擊了他，剎那間回想多少年噴藥過程，不知殘害了多少生靈，多少親子生物因自己追逐產量、利益而喪命，當下就下定決心不再為生產利益而殺生，因此開始尋求一種與生命和諧共生的農法，於是就走上有機之路。

民國九十一年左右，家中茶園開始停藥、改土、蟲咬，儘管從慣行改有機的過程非常辛苦，原本茶園收益剎那間變成從零開始，當家中收益減少時，父親的說法是，就好像一向都吃外食的人，靠的是手上有幾個錢，有點收入才能外而食之，若收入減少甚至歸零時，就應回歸本原，設法自給自足減少開支，如此就不會感覺收入減少的壓力及恐慌，家人久而久之也會習慣成自然。

如此生活經過六年，李明翰學成退伍返鄉，茶園環境也成功轉型為有機生態，在大量種植豆科作物當綠肥的狀況下，李家茶園的地力恢復良好，父親的有機農法大致可歸納「五不二堅持」，首先是不防治，讓生物昆蟲自由來去，與茶樹互利共生；其次為不仰賴灌溉，讓雜草、綠籬與茶園共生，降低土壤蒸發量，使根系深入導引雨水進入土壤底層，形成天然地下水層，在乾季時不虞匱乏；再者是不施肥，有機茶與慣行茶不同，有機茶產量很難穩定，產多了賣不掉恐有庫存壓力，所以父親以銷制產，即賣多少產多少的方式，不過度採收讓土地休養，一開始施放的有機肥方式沒多久後就完全免施肥，最後與肥料絕緣，但茶園的產量一直在水平之上，而且茶湯品質更甘美甜淨；第四是不貪收，當茶樹長得有瑕疵或不健康，寧可休養讓其自療也不採除、戕害，經常一兩季之後，茶樹的自療再生機制就會顯現，嫩芽新枝於焉復生；最後就是不翻土，慣行農對土壤的翻攪是必要農務，但父親深切了解翻土之後若不施肥，土壤結構再連結曠日廢時，所以在不施肥的前提下，不翻土是必然的，一方面不破壞地力構連機制，讓土壤自成慢活有機環境，二方面讓土壤或自然生態圈，與茶樹、野草、綠籬構成有機植株空間，各種生物穿梭其間，與天候、水氣、溫濕、日照等自然調節機制共生。

兩大堅持為何？第一就是堅持手採與重發酵，手採才能精挑細選，枝枝片片都是用心做品管，品質自然整齊，若是用機器採摘，快速、量大不在話下，但品質不一是難避免的；而重發酵是透過充分日照萎凋與延長發酵期的方法，製作出的烏龍茶能展現

▲三淨生態茶園二代少主李明翰熱情專業

▲有機茶嫩枝

▼茶園內外事務一肩扛

▼茶園旁兼種有機花草

特殊的甘醇風味，因手採嫩芽、嫩枝、嫩葉，可延緩茶樹老化，對茶園生態穩定具一定功能。第二個堅持是堅持留養（休養），有機茶園的茶樹難免會有生長不良或蟲害問題，父親的做法是任其自然面對，不去改變或防除，當土地、樹體、自然生態重建後，這些現象自然不藥而癒，重現生長機能。

父親曾說，一個茶農最大的資產不是自己的茶能賣多少錢，也不是能擁有多少茶園，而是種出的茶自己能放心喝，而且放心的給家人喝，放心的賣給茶客喝，這種放心才是一個茶農最大的財富。

淨身淨心淨靈　成就一方淨土

秉持父親的「五不二堅持」與「放心哲學」，李明翰接手家中有機茶園時，父親仍耳提面命提示，這雖然是一條艱苦路，但很有意義很有價值，不能半途而廢，更要以身作則影響、帶動周邊的農友跟進，李明翰整理父親的理念，提出了「三淨之道」，一是淨心，意即堅定此心不因難處、逆境而動搖，堅持作有機；二是淨身，重建人與萬物共生共業的環境，增進大眾對有機農作的理解與信念，放心地接受有機作物，進而讓社會及生產環境趨近有機化；第三是淨靈，當心、身都達致一定淨化層次後，一種喜樂歡愉必定順勢滋生，不管是心田、良田都會因這種福至心靈的愉悅而滋養，產生正向循環，整個自然成長的空間場域會淨化出一種有機氣場，各種生命都會「放心」的生活空間。

李明翰清楚記得中興大學生物產業推廣系的董時叡教授曾說：「從事有機茶是不能只有專業能力的，必須要有百分百的熱情理念為基底，憑著這基底才能在各種挫折中勇往直前，不計毀譽榮辱，不計得失利害。」李明翰覺得教授與父親傳授的其實是同一種東西，只是用不同的語言呈現，那個東西就是「信念」。

學以致用對種有機茶是否有駕輕就熟之效？李明翰顯然經常被問及此，不假思索的就說這要分階段來感受。在初期，所學不但沒助力反而是阻力，因為學校教的是理論，不是教你熱情，且因農業知識很大一部分是奠基於經濟、收益、成本等面向，所以剛開始會花很大的心力去計較農法的成本得失，計算利益多寡，也因為以分析當主，很多父親的經驗農法根本過不了關，大部分時間都在與父親爭執，茶園收益也就談不上了。還好家中經濟有父親早年累積的薄底，不致發生問題。

▲李明翰的「信念」實踐在茶園中

等進入中期（約投入家中有機茶園二年左右），所學與所用慢慢結合，從整理父親的經驗農法，印證所學的知識，發現其間共通處還真不少，在融會貫通後就熟能生巧、事半功倍，像茶園管理、茶葉採收產製，若非腳踏實地深入茶園，書本中傳授的那一套還真不夠用，因為對農作成長的干擾因素實在太多樣了，農人必須因應各種變數而變法，有時單一有時錯綜，所用對策也是變化多端，書本是教不來的。

農田就是教室　像活的教科書

李明翰舉例，像採收茶葉要怎麼採？採到什麼程度才符合所需？這個要根據茶農對茶園的心態，慣行有慣行採法，有機也有一套，若茶農抱著永續經營意念，採收時就會要求「太嫩不採，少採一葉讓茶樹保留次生長點」，一般的「幾心幾葉」老方法也許並不符成本，當然是因為這種採法產量有限、利益不足，但是一年五收的量是穩定的，不會因天候自然變化落差而有巨大變幅，總體而言，長久觀之並沒有那麼大的失損。李明翰再舉一個例，他說茶樹長到一段時間後，茶枝會長得像「雞爪」，長輩說這種雞爪枝葉會影響後面、下面茶葉成長，但沒概念者、沒經驗者根

種茶職人小絕活

有機茶園給人一般印象就是雜草叢生、蚊蟲飛舞而又亂無章法，但李明翰的有機茶園卻不然，井井有條不說，阡陌間畦埂上的落葉更是一大特色，李明翰說這是從學校教的知識轉化而來的方法，利用落葉鋪地能保持土壤濕度，不會讓日照直接蒸發土中水分，也能抑制雜草成長，且根據早年沒肥料的年代，老農會用落葉或去山溝收集腐植土層的葉泥當肥料滋養作物的做法，他也學著在清明前後到處收集落葉，包括欖仁葉、樟葉、肖楠葉、桃花心木葉等，都具有微量元素，這種天然有機質不是一般有機肥能取代的。

李明翰的父親曾在轉型初期用雜草腐化為基底當滋養茶樹和土壤的主要來源，這種土層可讓蚯蚓增生，只要土層中有蚯蚓，就能讓土質活化養分滲透，茶樹根部就易深化吸收。這種方法李明翰取個名字叫做「鋪天蓋地，落葉歸根」。連採茶工都說踩在這種落葉地毯上工作很舒服，有彈力沒壓力，採茶績效比較好，李明翰覺得這真是一舉多得。

鋪上落葉的茶園土地保濕兼具肥沃之效

本不曉得什麼是雞爪葉，一定要老練的採茶人現場教採才能認識，而老農雖然對摘除雞爪葉很熟練，也懂得摘葉後有助茶樹成長，但令老農頭痛的是用不用肥料、農藥，或用多少才能防蟲、養地、助長，而且要怎麼搭配才能有效對付問題？這些問題不論是慣行或有機農都是一樣必須面對、摸索前行，當然「Try Error」過程免不了，但會不會一錯再錯就難講了，因為大自然變化實在太多樣了，前一次的方法這一次能否適用只有用了才知。

田地中一切變化都不是用學院派的量化數據或質化理論就能掌握，那是一種經驗與智慧的累積傳承，是一本實用教科書，還在不斷增添新內容的實用寶典，李明翰認為新農與老農應建立共通的語言，建構交流平台，讓有機與慣行達致共生共榮的生產環境，共同營造健康、無害、甘美的飲茶生活。

▼烏龍茶湯甘醇

▲在一旁默默守候支持的李媽媽

◀自製的綠肥

▼▶李明翰的媽媽在一旁處理茶葉，並默默守候支持他

一斤茶泡兩斤　有機茶的特色

有機茶比慣行茶市價貴，這是眾所皆知，李明翰說其實這只是表象，因為有機茶耐放、耐泡，且能減量沖泡，不像慣行茶要快速泡完，要用足夠的茶葉量才能泡出味，買的時候雖然貴一點，但總量而言其實差不多，對人的健康、安全、放心則是額外的收獲。

雖然喝茶口味是因人的主觀而異，但喝有機茶時絕不能用太多茶葉，因為會讓茶葉在熱水中太擁擠而影響其舒展空間，茶味難逸出，茶湯滋味不顯，也太浪費。「一斤茶葉當兩斤泡」是李明翰父親的感受，也是推廣有機茶銷路的撇步，李明翰認為，茶葉與其他農產品不一樣，像水果會要求甜度，這個甜度雖然有濃淡，但消費者心中自有一把甜度尺，影響水果的市售行情，而茶的風味就不像水果甜度，多樣的口味各有人愛，賣茶必須讓人當場喝到，對味才買，銷售形態有別。

由於具碩士學位，在當有機茶農之餘，李明翰希望自己能作一些茶農文史紀錄工作，把前人、老農的智慧經驗留下來，傳諸後世，但有機茶農並不像一般人以為的不必施肥噴藥，閒暇時間一定很多，李明翰的「文史心願」至今仍未實踐，他笑說大概自己的有機路腳步還不穩吧！還不能安心來做文史工作，但願在未來幾年內能行有餘力吧！

愛看書研究的茶園主人

種茶職人小檔案

茶農：李明翰
茶園：南投縣名間鄉松柏嶺三淨生態茶園
地址：南投縣名間鄉名松路二段136號
TEL：049-2581469 ；0912-581469；
0912-651017

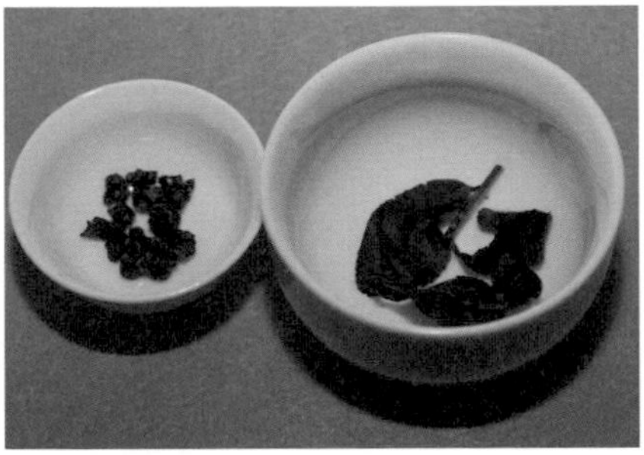

▲銘記茶苑出品

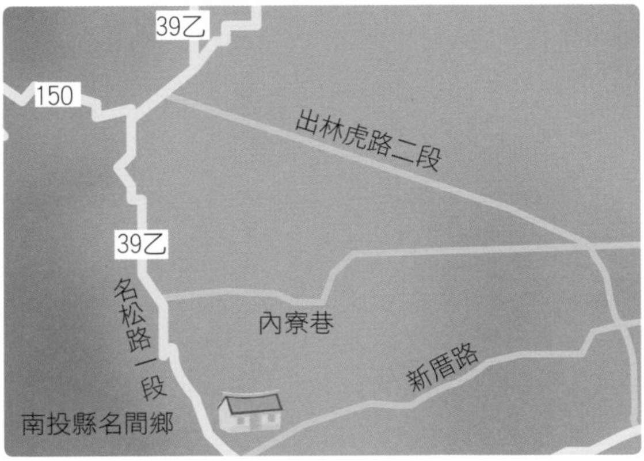

柒 不信有機喚不回的

佳田茶園

茶區：南投縣名間鄉松柏嶺茶區
海拔：400公尺
品種：小葉種金萱、四季春
產製：烏龍、綠茶、紅茶、蜜香紅茶

「若非太太在教兒童美語賺固定薪水補貼家用，剛開始種茶那個階段，二、三年只出不進幾乎無收入的窘況，會讓家庭經濟面臨極大壓力，所以奉勸任何有心從事有機茶種植產業的家庭，一定要有第二條補助家庭收入的方法，否則要等有機茶的收益養家活口，得先勒緊褲帶三年左右，才有可能撥雲見日。」一臉斯文、像個讀書人、知識分子的佳田茶園主人陳俊郎，有感而發地回首這條有機茶種植過程的甘苦。

辭卸航發工作　返鄉接手種茶

民國八十九年以前，在台中漢翔航發公司工作、樂當科技工程人的陳俊郎接獲老家通知，一輩子務農的老爸身體有狀況，家中茶園乏人照顧而日漸荒蕪，盼阿郎能返鄉接手茶園產業。此刻的阿郎在漢翔公司工作也的確面臨一些問題，加上台灣經濟已呈現走下坡趨勢，盱衡主客觀因素後，阿郎毅然辭去那時人人稱羨的工作，返回南投名間松柏嶺老家，一方面陪伴、照顧老人家，二方面接手那片約一公頃的茶園。

▲佳田茶園主人陳俊郎巡看茶園

▲踩在綠草上十分舒坦的佳田茶園

對於種茶、製茶，阿郎可說是既熟悉又陌生，熟悉的是從小就跟在父兄身旁跑進跑出，看的是茶葉，踩的是茶園土阡，摸的是茶樹、茶枝，聞的是茶香，反正對茶產業從小就耳濡目染，毫無陌生感。但真正接手後又是另一回事，大學畢業、滿腦子物理化學知識訓練的阿郎，對農業生產這個傳統行業不由自主地就想運用所學，不想走那條老人家的「經驗之路」，再加上在航發公司工作過程中，也接觸不少上中下游的相關電腦科技產業從業人員，年紀輕輕就忙於工作生產，甚至把身體弄壞、健康掏空，阿郎覺得不論做什麼事，只要沒了健康，一切都是枉然，所以在九〇年接管家傳茶園後，就決定走那個年代還算新鮮的有機茶之路，最讓阿郎高興的是，在接手茶園不久就「牽手」了，與相戀多年的女友結婚，更窩心的是，老婆非常支持阿郎改弦更張走有機茶這條路。

舒緩長輩念力　被迫善意矇蔽

眾所皆知由慣行改為有機一定會經過茶園土壤休養增質的階段，而這個過程可說是顆粒無收，為了不讓老人家操心，縱使初期採自然野放、草蟲亂生，阿郎還是每天戴著口罩、帽子，揹著噴桶下茶園，假裝成慣行農工作，雖然噴桶裝的不是農藥而是辣椒水，也煞有介事地如常噴灑除蟲，但一季一季下來，表面偽裝固然可瞞住一時，但茶園無收的現實卻騙不了老經驗的長輩，頓時罵聲不絕於耳，什麼「懶鬼」、「敗家子」都耳熟能詳，還好太太在教兒童英語有固定收入，才沒讓家庭經濟陷入困境。

後來硬著頭皮告知，請老人家忍耐幾年，保證不久之後有機茶園土質養分恢復自然平衡就會有較穩定的產量，在取得一定程度諒解後，阿郎的茶園工作做得比別人更密實，日以繼夜的照顧，好一陣子在入夜後還帶著頭燈做夜工，旁邊慣行茶農收工回家時看到阿郎還在茶園中摸黑工作，還笑稱阿郎怕作有機沒收成，只好趁夜噴藥施肥，其實還是走慣行的老路，而阿郎也知道這個過程又累又苦，但既然堅持也只好笑罵由人、隨他去吧！果然三、四年過去了，申請有機審驗也獲得認證，品質有了、產量也有了，罵聲相對就少了許多，當然收益還是比不上老爸的慣行收益，但從無到有也是事實，老人家的嵩詞也漸改成「不聽話」、「不爭氣」。

看書問人取經　自成有機心法

初期自然野放的茶園，雜草叢生、蚊蟲亂舞不在話下，但也因此讓阿郎在大自然生態中學會了許多相剋之理，看到茶園中本來沒有的蟋蟀、蚱蜢、瓢蟲、青蛙、蚯蚓、蛇鼠、蟾蜍等小生物，原本擔心會影響茶樹根系生長，破壞茶葉發展，誰知這些小動物、昆蟲對漫生的蟲害產生了一定的抑制功能，阿郎覺得別人慣行田噴藥驅蟲雖也見效，但藥物會在葉片殘留、在土壤沉澱，

▲有機茶這條路並非人人可走。圖為佳田茶園
◀◀佳田茶園的LOGO

這種茶葉泡出來的茶對人體健康必有負面影響，而他不噴藥也能透過自然機制驅蟲，茶葉自然就沒有農藥殘留，泡出來的茶也一定相對健康，何樂不為呢！

不過，阿郎也觀察到一個現象，就是一般有機茶園都強調有機茶樹會吸引小綠葉蟬咬葉片，也就是說只要經過小綠葉蟬噬咬的葉片，十有八九都是有機茶。其實，慣行茶園噴藥驅蟲也有一定季節，如在芒種後就不噴，而慣行茶園只要在不噴藥的時期，因其施肥的成分有合成香料、人工費洛蒙、化學養分等添加物，具有誘蟲功能，所以許多常見的蟲都會聚集，其中小綠葉蟬自不例外也會飛去大咬，所以，許多慣行茶也標榜有小綠葉蟬咬、噬，有蜜香，所以如果單以有無咬過、有無蜜香來分辨是否有機是不準確的。而在慣行茶園不噴藥的時期，有機茶園的蟲害量就會減少，小綠葉蟬咬得少，蜜香成分就降低，這個現象在有機茶園初期二、三年後會愈來愈明顯，但小綠葉蟬少了，椿象蟲卻愈來愈多、愈咬愈兇，茶葉被椿象咬過不但不香還會變苦，這種苦惱大概又得經過二、三年才在自然相剋生態達到平衡後，慢慢趨緩。

用心改善土質　十年總算有成

在茶園四周廣種扶桑當綠籬，並在茶園邊架紗網防空飄汙染，這些作為都是不可少的，阿郎覺得光是這些還不夠，因為茶

樹的成長主要還是以土壤為基礎，所以他對土壤養分含量極重視，在經過就教有方之後，他學會了「禮肥」的觀念，意即土壤的養分不能只取不給，所謂的「供養」其實就是要「養土」，土養好了才能養樹，樹養好了才能養葉，葉養好了才能養茶、才能養人，在栽植茶樹過程中，從土壤取走了多少養分就應回饋土壤多少，透過「肥培」方法可達到供需平衡，而肥培就是以有機質百分之五的有機肥回灌土壤，選擇這種肥料必須非常嚴格，必須

▶▶有機茶園的土質與雜草
▶回歸自然生態法則

◀茶園的綠籬也能防範空飄汙染

是符合有機肥最高標準含量，而且在施用時不能以為多澆多贏，須知土壤供養茶樹只耗了二成的養分，若你回補的養分超過其流失的量，對土質並無好處，因為過多的養分可能在分解不及的狀況下變成廢料，沉積在樹的根系附近，茶樹會未蒙其利反受其害。

就像有一些財團、大企業以大片土地作有機農業，在以產量、利益為考量的前提下，對土地會過度施澆有機肥以增加單位產能，在地力及作物均因外力而呈現不自然發展速率下，地質地力會一直處在緊繃狀態，作物也在高速成長過程中不得喘息，「休息是為了走更長遠的路」這句話不只適用於人，對土地、作物也一樣好用，阿郎強調古話的「揠苗助長」其實就是這個道理，而有機這條路就應順天應時而為，絕不能急功近利違背大自然供需法則、平衡機制。

堅持人工除草　絕不斬草除根

松柏嶺是八卦山尾端一片呈現碗狀的台地，阿郎說從上望下，可叫此地為松柏坑，但若從平地往上看，這片高約四百公尺的台地就顯得拔地而起、巍然矗立，儼然山嶺壁立，故也叫松柏嶺。因為是台地，高度有限，故氣候屬溫熱型，一般的青心烏龍（軟枝烏龍）在此地栽植不易，故改種較耐熱的金萱、翠玉、四季春，一年可有四至五收，總量約七～八百斤茶乾，尤其在秋末

▲已獲得專利的「光誘導捕蟲燈」
▶▲強調平衡機制的佳田茶園

入冬後，松柏嶺溫度在十五～二十度上下，四季春的改良種仍能正常成長收成，這種冬片茶氣味清香優越，在冬春普遍量少的島內，可說獨樹一幟。

阿郎說以前松柏嶺從來不作紅茶，因小葉種茶葉不容易作出條索紅茶，他在種有機初期就跑去魚池茶改場請教專業老師父，學會選種及手作訣竅，在松柏嶺作條索紅茶的他可說是開風氣之先，但雖然打先鋒卻備嚐苦果，因那時島內還未養成喝紅茶風氣，到九十五年左右，日月潭紅茶十八號、阿薩姆紅茶打出名號，阿郎總算學以致用，以金萱、四季春的夏秋茶作紅茶，總算闖出一片小天地。在九十八年及一〇二年還分別獲得鹿鳴有機茶產銷合作社舉辦的茶比賽評鑑特等獎。

展望有機茶園　可作多元經營

由於松柏嶺茶區地勢平緩，不像一般高山或中海拔坡地茶園成十五～二十度陡坡，較適合作遊客的體驗茶園，目前阿郎還兼作有機茶園生態導覽工作，介紹學生團體或遊客認識有機特性，並實地利用家傳的製茶場操作炒茶、浪菁、揉捻、烘焙等製茶工序，在農閒時也忙得不亦樂乎。但阿郎也有一些憂心，松柏嶺的灌溉用水水源並不豐足，冬季靠抽地下水供應，但水費是自來水的三倍，所以有不少茶園在成本壓力或是茶農老化的現實考量下，租給別人施種其他作物。

種茶職人小絕活

在阿郎茶園中可看到不少一桶桶奇形怪狀的設施，阿郎說這是一種已獲得專利的「光誘導捕蟲燈」，針對有機農業害蟲研發的防治新利器，利用昆蟲趨光性及對特定波長的感應特性，以專利研發的耐候型塑料材具及從日本進口的特殊波長的捕蟲冷性燈管合組而成，在燈具下置一大水盤，在水中添加介面活性劑，可破壞水面的表面張力，當飛蟲撞擊光源護罩而掉落水盤，可因無表面張力而沉至水盤底部溺斃，這套設備成本不高，所耗電費極省（每月約八元），但滅蟲成效很顯著，尤其是茶園中常見的葉盜蛾、捲葉蛾等飛跳害蟲特別有效，所以在阿郎茶園中的這些捕蟲燈具下的水盤，都能看到一片漂浮的昆蟲屍體。但如果是益蟲因此燈而損傷豈不得不償失？阿郎對此問題顯然已成竹在胸，他說就是怕除害又損益，才會用日本進口的特殊波長燈管，再利用生物特性後，損益的程度大為降低，所以整體而言利是遠大於弊的。

▼得過特等獎的紅茶
▼▼紅茶茶湯

松柏嶺的土壤為含大量氧化鐵酸性土壤，呈磚紅色，適合薑黃、生薑、山藥、鳳梨、通天草等抗旱作物成長，在越南茶低價侵入後，本地茶產業收益被嚴重擠壓，導致茶農的下一代接棒意願低落，不少茶園因乏人照顧而閒置，老一輩茶農就租給別人種前述作物增加收益，但若轉租改種薑的話會有連作的限制，因為薑的成長極傷地力，若要連作就需大量施肥，對土質傷損極為嚴重，若然，再收回轉作其他作物至少要休養一年才可能種植成長，所以，松柏嶺表面上看好像各式各樣作物都有，田園閒置的也有限，但其實松柏嶺的自然土壤環境條件已今非昔比了。

選擇有機這條路，阿郎夫婦都表現得無怨無悔，都認為這是一條可長久且值得堅持的路，畢竟種植對得起自己良心，對得起自己身體的農作，才能向社會大眾無負擔、無愧的推廣販售，阿郎夫婦覺得，自然、健康這兩樣瑰寶，絕不能因金錢收益而打折。

舖草祕技

對於茶園中的蔓生雜草，阿郎有一套管理哲學，他說貼地長的小野草，只要高度不超過茶樹的一半，就任其生長，這種不大不小的野草走在其上會有走綠色地毯的感覺，很舒服、軟綿綿的有點蓬鬆、有彈性，腳板、腳跟及腿部都因這種軟墊效果而鬆快，有時茶樹周邊的小野草蓬一踩下去就會看到許多蚱蜢、蟋蟀跳上跳下，入夜後會看到不少陸生型螢火蟲飛舞，十分好看，一路走來都是用人工除草的阿郎認為，茶園普遍成長的昭和草及咸豐草並非如一般人認知的是無用有害的雜草，他說昭和草就是俗稱的山茼蒿，取其嫩葉還可入菜，而咸豐草用水煎，喝其湯汁可收清體降火之效。

▲貼地生長的小野草，是茶園維持地力的「一點訣」

▼有機茶園生態導覽也是近年的重點工作

種茶職人小檔案

茶農：陳俊郎

茶園：南投縣名間鄉松柏嶺佳田自然生態茶園（中華有機認證）

地址：南投縣名間鄉名松路2段173號

TEL：0932-688264；宅配：049-2582764

▲阿郎夫婦倆喜歡一起喝茶分享生活

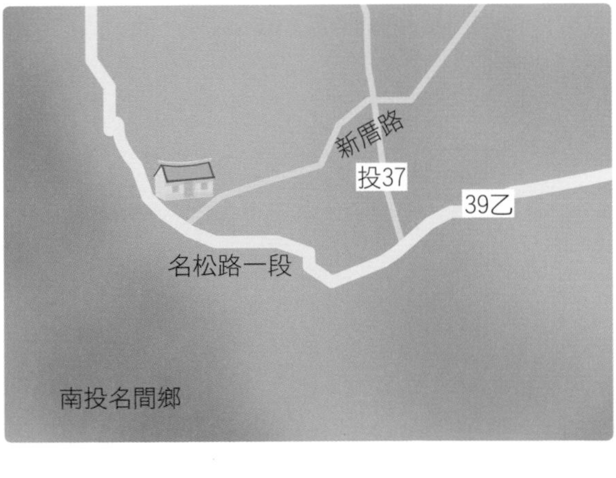

捌

視茶如親的 春秋茶園

茶區：南投縣仁愛鄉南豐村
海拔：1000～1100公尺
品種：青心烏龍
產製：清香高山茶、炭焙烏龍、蜜香紅茶、紅茶

她，老家在屏東枋寮，大學在台北念服裝設計，畢業後在台北上班直到三十歲，嫁給了台東卑南原住民胡貴春，而先生因服役時為特種部隊，曾在仁愛鄉眉溪中游處山區「出沒」，退役後專程來此地置產，當秋美成為「胡太太」時，這片位在大同山的田園也多了個女主人了。

嫁雞就隨雞　外行變內行

從來沒碰過農事的秋美，剛接手管理田園時真有不得其門而入之感，但也許天性使然，不服輸的她先跑到南投竹山遊山茶訪學茶藝、茶道，再去農會就教有方，在一段時日的用心學習吸收後，就把自家田園當實驗場，原本種雜糧、玉米的旱田，在民國八十二年台灣茶市場行情大好時，秋美決定改種茶，老公因為在農會工作，平時也無暇下田，所以等於秋美全權作主。在改種茶之初，秋美完全沒想過除了噴藥施肥的慣行農法外，還有什麼方法能讓茶樹成長。直到九十五年，發現農田中用藥、用肥的分量愈來愈重，秋美直覺這不是好現象，果斷地下決心不再施肥耕作，一時之間被紛至沓來的蟲害搞慌了手腳，慣

▲春秋茶園女主人秋美

行思考又浮現腦海，秋美做了折衷辦法，盡量以不毒的方式對抗環境，一陣子過後，才改成現在的完全自然野放，只有除草時請人幫忙。

秋美對老公買的這片田園地理位置讚不絕口，四周都是原始林，農田邊坡直下就是眉溪畔，順著溪流吹進來的山風十分涼爽，住家邊就有一條產業道路通往台十四線省道，茶園既無汙染之虞、交通運輸又極便利，經過四年嘗試各種有機栽培方法（包括生物防治、酵素、益肥、無毒等），終於在民國九十九年向MOA申請有機認證，而且首次申請就過關。

顧有機茶園　就像顧囡仔

說起有機茶園管理心得，秋美可來勁了，她記得早期用益肥時，每十至十五天就要添加一次，充當有機肥補充，但茶樹似乎不領情，茶園生態並未因人為介入而令人滿意。在停止添加益肥

▲台灣原生種含笑花

▲茶園中的蜘蛛網

▲從山坡上往下俯視的春秋茶園

一陣子後，發現茶樹葉長得好好的，不知是不是錯覺，秋美覺得還長得比先前更茂盛。她感悟到一個道理，樹林就像小孩般，不能一直關在溫室中（慣行農法的噴藥施肥就像營造一個無形的化學溫室），茶樹易對藥肥產生依賴性、抗藥性，所以慢慢地劑量愈來愈重，不單對茶樹不好，也對養殖土壤不好。反之，若用自然野放方式對待，茶樹會自己找所需養分，像空氣中、向土壤中尋找，如此一來樹葉會招展、樹根會深化，整個自然生態就慢慢成形了。

在秋美的茶園中繞行一圈，發現周邊充斥各式各樣果樹，有甜柿、楊桃、香水檸檬、樹葡萄、五月桃、含笑花、桔子、台灣香檬、楓香等，而在茶園中還可看到水蜜

▲茶園旁種植多種果樹

桃、梨樹、木瓜、火龍果，我笑稱這哪像茶園，簡直就是果樹總匯園區，秋美說這些果樹都不是刻意種的，也不是種來當綠籬的，主要是藉這些果樹的根系為茶園土壤增添氮肥，而且大多果樹成熟期在夏季，剛好開花結果能幫茶樹遮烈日曝曬，至於春天和冬天果樹並非成長茂盛期，樹蔭對茶樹毫無影響。各式水果在不同季節熟落，秋美笑說家中很少買外面的水果，也是一種省錢之道。

茶園中的野草雜草並不多，秋美說是在冬茶採收前除了一次草，所以看起來還滿乾淨的，平常不太會來巡茶園，因為茶樹畦道間距不寬，不宜常有人走動，否則會破壞「草相」及「蟲相」。說到「草相」，這才發現園中的草種類還真不少，有些野菜也長得有形有款，包括龍葵、苦滇（野萵苣）、香椿、薺菜、台灣合首烏、白瓠子、刺蔥、昭和草、咸豐草、野桐、火炭母、紫花藿香薊，秋美說許多種菜、草可吃也可當綠肥，因為都是野生有機菜，吃起來毫無負擔。

談到病蟲害　又是一本經

有機茶茶園的蟲害是眾所皆知的，而在原始林

環繞下的茶園受害更烈，秋美說春秋茶園害蟲第一名當屬椿象，因為牠們飛行力強，每天晨昏都可看到一大堆，

椿象喜歡咬食成熟葉片，因為會飛，所以只要看到葉片中間有孔洞，就非椿象莫屬，乍看上去咬痕與小綠茶蟬差不多，但椿象咬痕較大較明顯，雖然葉片也會捲曲皺褶，但小綠葉蟬嗜咬嫩葉，而且咬過的葉片會有些「歪哥」，通常受危害的是第一葉，所以很容易分辨。

至於有些葉片中間有些大型咬洞，就應是捲葉蛾、布袋蛾所為，只要不是小綠葉蟬所咬的，其他蟲咬的葉片都會帶一些苦澀味，必須透過重發酵才能去味。

秋美說以前做慣行時也有蟲害，但因噴藥劑量關係，能存活都是抗藥性強的那一種，紅蜘蛛最常見，顯見其適應力最強，而慣行茶園中很少看到小綠葉蟬，難怪以往慣行茶沒法作成蜜香紅茶。不過，家中茶園的蟲害雖多且雜，但因茶園生態一直維持的不錯，園中青蛙、黑眶蟾蜍、田鼠、肉食蜘蛛、蟑螂、鳥等害蟲天敵很多，所以透過自然相剋機制，害蟲倒也不構成真的禍害。尤其茶園中有種些桔樹，柑橘類果樹是鳳蝶的蜜源，像琉球鳳蝶、烏鴉鳳蝶等都會適時來採蜜，此蜜源就形成另一個相剋點，害蟲、天敵、鳳蝶要不是共生，就是一物剋一物，反正對茶園生態益多損少。

▲有機茶葉上常見椿象咬過的痕跡

▲女主人分送自種的香水檸檬

▲茶樹遮蔽下的蕨類風貌

只想種好茶　賣茶嘛隨緣

兩夫妻都會製茶，但大概八成都出自秋美的手，一年四收可達五百斤茶乾的春秋茶園，僻處在產業道末端，到了製茶季時，秋美會固定租一家製茶場，專製有機茶以免過程遭汙染，因有機茶不施肥所以長得慢，採收與製茶時序都與慣行不同，所以沒有搶工撞機器的困擾。

秋美指著月曆說，在二月下旬三月初時為雨季，採收的春茶溼氣重，不易作成清香高山茶，就改作炭焙茶，做好後可放個二、三年當老茶喝，風味很特別，而同是雨季採的慣行茶，因化肥會起氧化作用，易致茶質變異，所以不能久放。

根據多年經驗，秋美說春冬兩季採收的茶葉多為一心二葉小開面摘採，這種茶葉易展現較豐富的香氣，作成清香類的高山茶恰如其分。夏秋茶因日照較強，葉片較老化，採收時以一芽二葉對開式採摘為主，可做成傳統烏龍茶或紅茶，在製茶過程中能適度分解茶中所含醣分，可轉換成甜味在茶湯中展現，但缺點是較缺乏春茶冬茶的清香味。一般而言冬茶的葉面會呈現一種霧霧的樣貌，因為熱漲冷縮的關係，葉片、茶樹中的輸送養分管道（維管束）都遇冷而緊縮，所以養分傳導慢，甚至會充塞在管道中，有機茶的節間（第一葉至第二葉間）較短，只要一緊縮就會造成傳導的滯慢。這種霧霧的葉片在製茶過程中可以處理，不必擔心會影響茶葉的賣相。

秋美笑著揶揄自己是個大懶人，種茶只想種好茶，作茶也一樣，只要把這兩個環節做好了，其他就聽天由命，賣得掉就入袋為安，賣不掉就送親友、放在家中當老茶養著，反正不會浪費就好了，她特別傳授她的喝茶心得，她說如果一個人腸胃不好，千萬不要常

種茶職人小絕活

秋美說家中茶園因原始林地環繞，所以土質中石礫多、脆石分布較密，礦物質含量也較豐富，而茶樹在這種土壤中成長，易表現出一種「岩味」，也就是俗稱的「石頭味」，武夷茶也是這種成長環境，而原生種烏龍茶也是富含岩味，但台灣茶市場中這種岩味卻是被人排斥的，所以慣行茶就會想方設法去除岩味，展現香氣，慢慢地就衍生出高山茶族群，但有機茶愛好者反而不以為意，甚至直誇這種岩味才是最自然的茶味，而有機茶如要有這種岩味，茶樹根系就要夠深，足夠深到吸收土石中的岩味。秋美認為，一般而言土壤濕度高的話就易生長蕨類，這種地質較偏酸性，腐質較高，土質較鬆軟，養分傳遞較快，而田地若屬向陽面，土壤較乾、濕度較低，土質偏鹼性，不易生蕨類，較易冒出咸豐草等禾本根草類，養分傳導較慢。大體而言酸性土質的岩味較易在茶葉中展現，而鹼性則不然。

▲茶園就在住家山前山後

▼▶水池遠看像一幅畫
▼櫻花季節的櫻花也可增加茶趣

喝高山茶，因為高山茶屬於綠茶一種，而台灣綠茶鹼性太強，很傷腸胃。一般來說早上起床最好喝點炭焙茶暖暖胃，十點到下午二點可以喝高山茶，三點以後喝紅茶品香，晚上睡覺前再喝些炭焙茶，她覺得多年下來這種喝茶法對自己身體不錯，所以想跟大家分享。

在送我們回程時，胡春貴先生剛好下班回家，很熱情地招呼我們留下來喝茶喫晚飯，因天時已晚所以婉拒，但胡先生湊過來跟我咬耳朵，他也有一本不外傳的茶經，若下次我們再去，他很樂意公諸於世。看來這個春秋茶園（突然想到原來是用夫妻名字各取一字命名的）兩位主人的茶園經，可說是「一人一把號，各吹各的調」，妙藏無限趣味。

▲▶好客樂於分享的茶園女主人，坐擁山林

種茶職人小檔案

茶農：胡春貴、秋美

茶園：南投縣仁愛鄉春秋茶園（MOA有機認證）

地址：南投縣仁愛鄉南豐村中正路81號（大同山區）

TEL：0911-755175

▲炭培烏龍

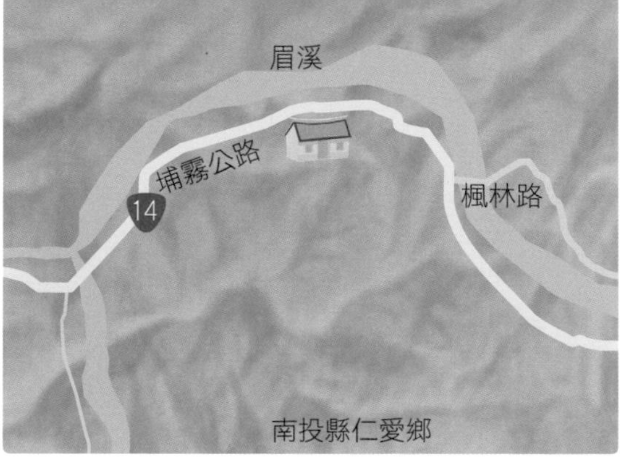

玖

婦唱夫隨的

日嶺茶廠

茶區：南投縣仁愛鄉武界高山茶區
海拔：1300～1400公尺
品種：軟枝烏龍、小葉烏龍
產製：手做蜜香紅茶、高山烏龍茶

「我先生老家在鹿谷，與茶結緣二、三代了，從興盛到沒落都經過，現在在鹿谷有幾甲茶園（都是慣行），是我看到茶園的土壤被那些農藥、化肥折磨的不像樣了，跟先生說武界這個山頭有原住民的地要賣，可以買來作有機茶，先生也很樂意，我們就開始踏入有機茶的領域。」日嶺茶廠老闆娘蘇太太邊看著老闆李進益，邊跟我述說他們從鹿谷翻山越嶺來武界這個山區種有機茶的背景。

買一塊處女地　種有機茶剛剛好

李進益對我們願意跟著他一路沿著南投七一號縣道蜿蜒上繞至高山茶園很是高興，他說在奇萊山脈這一端是卓社大山，而武界就在卓社大山山麓，這邊整片都是原始林班地，偶有幾處是原住民保留地，也是放養植林，所以這邊的土壤對茶農而言就是不折不扣的處女地，一點汙染也沒有。原本在九十四年時買的是原始林地，但國有林地不能拿來種茶，所以在九十五年向原住民買地，在老婆大人的指示下，開始種有機茶。

這塊占地一甲多的茶園，旁邊就是茶廠及住處，視野極佳、空氣清新，日照及霧氣均

▲茶園主人、女主人和熱情的女兒一起為茶園付出心力

▲日嶺有機茶園有請專業除草人

充沛，加上茶園周邊並沒有其他農作園區，毫無農藥化肥汙染之虞，擺明這就是得天獨厚的有機茶園地，李進益說他們一年可以有四季四收，好的時候年收上看一千斤茶乾，八、九年下來平均每年大概有六、七百斤，雖然收益與慣行茶沒得比，但賣得安心，喝得放心，所以全家都很樂意每周上山一趟看看茶園、喝喝有機茶，連家中養的兩隻狗在茶園中活蹦亂跳的時候，看了也很放心。十二歲就跟著家人在鹿谷學種茶，十三歲時來到卓社山區武界附近的茶園幫忙農務，那時就對這個山頭的天候地理留下深刻印象，喜歡親近大自然的李進益，年幼時家境並不好，為了補貼家用曾經放下茶園工作，賣過六合彩、檳榔，也曾幫當地賭場看場子，李進益說那些錢賺得很快但花得也很快，不過還是存了一點錢返鄉，用這些本錢買地種茶，從此就沒再離開過茶這一行。

生物防治害蟲　效果不見得好

剛種有機茶時，接受農會推薦的生物防治法來對付害蟲，發現這種用黏的或用噴的方法（也可用注射）是以驅趕為主，且對付的是公蟲，因用的是費洛蒙防治，雖然茶園中常見害蟲中的公蟲因接觸藥包或藥劑而被驅趕，但卻有更多種類的害蟲也受費洛蒙誘來亂咬一通。這個陣痛期還好並不長，後來茶園採雙管齊下的方法，就是生物防治法與有機肥一起進行，當然害蟲還是有，但已經不構成任何困擾了。在九十五年至九十九年間，茶園就取得了慈心有機認證，其後又取得中興大學的有機認證至今。

李進益說慣行種了這麼多年，從來沒想過除了農藥化肥外還有什麼能除蟲，能增加養分助茶樹成長，直到種有機茶後，發現

▲如何適當除草是有機茶園重要功課

▲從茶園可鳥瞰南投平原

當茶園的生態越自然就越能吸引害蟲以外的生物，而這些生物往往就是那些害蟲的剋星，像藍腹鷴、藪鳥都會吃小蟲，諸如浮塵子、椿象、刺粉蝨等對茶葉會造成損傷的蟲，每逢季節到了，就可在茶園中看到「物競天擇」的大戲。山上的環境雖優，但因周邊都是原始林，也許是林中的蟲吃膩了林木葉片，當茶園長出新葉時就是牠們從林中飛出打牙祭的時候，當人為方法成效不彰時，就只能寄望牠們的天敵能適時出現，果不其然，這齣戲年年都準時上演，但李進益一則以喜一則以憂，有機茶若沒有蟲咬就顯不出茶的風味，尤其是小綠葉蟬咬過的茶片用手做揉捻製成蜜香紅茶最合適，如果小綠葉蟬的天敵把牠們吃完了，茶葉就欠一味了，雖然這個現象還未發生，但不能保證未來會不會發生，只能相信大自然的相剋機制，希望在過程中不至於趕盡殺絕，讓有機茶的風味長存。

慣行茶成本高　種有機茶較省

與茶打交道四十年下來，李進益目前還是在玩「兩手策略」，在鹿谷還是種慣行，他說鹿谷茶園的土地要改種有機，那難度太高了，反正在武界這邊已有一片有機茶園，未來要拓展的話，也會在這附近就地取材，起碼不用太費心去改變土質。李進益覺得種有機茶比種慣行茶來的省錢，種慣行一年光化肥就要六十萬元，用農藥除蟲也一樣，而有機的生物防治法只有第一年最貴，因為要買一些器材設備，但之後的費用就少很多，目前一

▲日嶺茶園精製高山茶
◀製茶廠的管理注重環境整潔

▼日嶺茶廠獲有機認證的蜜香紅茶

年大概五、六萬元就行了，而有機肥也是愈用愈少，因為茶園土壤隨著茶樹的根深柢固而形成一套高低土層養分循環供給機制，有機肥也要隨著地力的提升而調整，所以成本也逐年降低。雖然一般而言，慣行茶大概六年就可回本，而種有機茶既沒量也難論質，所以目前還在打拚，但打拚的心情很輕鬆。之前的有機茶也曾有茶商訂約契作包買包賣，拿到市場上販售，但消費者因對包裝上的標章不放心，根據產地找上門，後來覺得既然產的量也不大，契作收益也就那些，還不如自產自銷，尤其那些喝茶客到山上看到茶園樣貌，看到製茶廠管理過程（三星級的製茶廠，環境整潔、機器潔淨、茶乾不落地等），都覺得買日嶺有機茶很放心，所以單價雖然高達三、四千元一斤，也有人大方的買。

種茶職人小絕活

在高山種茶，最困擾李進益的是灌溉用水的水源，不能寄望老天的無根水，就只能接管引山泉了。但在卓社大山區這一頭並沒有充沛的山泉，李進益只好透過原住民探到距茶園七、八公里的山區有足夠的山泉水源，於是他接管七、八公里引山泉水入園。但光是有水來是一回事，讓在山坡上的茶園平均受水滋養是另一回事，李進益說水是茶園不可或缺的成分，多了不好少了不行，如何恰如所需的供應就必須人為管理，所以他在茶園邊建了三個大型水塔，山泉引進儲留塔中，再透過水龍頭控制澆流至茶園各角落的導水管、噴水器，如此才能確保雨露均霑。水的管理、運用對李進益而言是不能忽視的環節，也許是引用高山泉水，其含帶的礦物質及其他微量元素夠多樣，對茶園的滋養就不只是灌溉功能而已，所以雖然一年在水費及相關設施維護的費用均不低，但李進益絕不會為這個費用皺一下眉頭。有一年颱風進襲中部，李進益在鹿谷家中直擔心山上水塔及管線安危，颱風一過就上山，果然看到水塔被強風吹垮，他立即找工人上山重裝水塔，絕不讓茶園乾著、耗著。

▲茶園旁綠竹成蔭

▼茶園附近原為國有林地

比自己還投入　兒子成功接手

坐在茶廠中品用著李進益親手作的蜜香紅茶，看到茶園中一位年輕人背著生物防治噴器向一株株茶樹噴灑，不禁問李進益，這麼高的山、這麼偏遠的路，還有年輕人願意上來幫忙真不容易，李進益笑著說：「那是我兒子啦，高職學的是農科，畢業後就學以致用，他對茶園的一切都很有興趣，比我還細心，年輕人對農藥化肥更是反感，所以鹿谷那邊的慣行茶園他不太去，反而是很樂於上山。」其實有下一代接手農務，對已五十多歲的李進益而言，仿如卸下了重擔，在採訪過許多有機茶農過程中，大部分的下一代不是在都會中上班、工作，就是在家中只對賣茶做生意有興趣，對下田種茶則是敬而遠之，像李進益有子繼承茶園事業可說是少見的好例子。

不管山中日月長還是山中無日月，反正太陽西斜漸薄山外，看到李進益兒子勤奮工作的身影，真希望下次再上山來找他暢談一個年輕人與有機茶園結緣的故事。

▲日嶺茶園的父子檔傳承寶貴經驗

種茶職人小檔案

茶農：李進益

茶園：南投縣仁愛鄉日嶺茶廠（中興大學有機認證）

地址：南投縣仁愛鄉武界山區（茶園）

南投縣鹿谷鄉永隆村和平巷15號（店家）

TEL：049-2751515；0932-550541

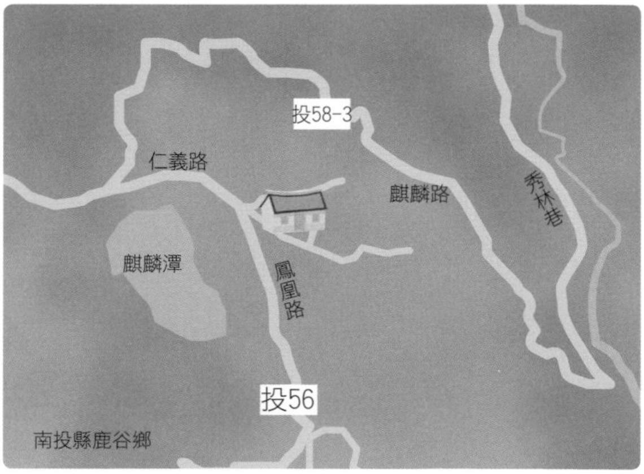

拾

「親愛的」賽德克舒揚有機茶園

茶區：南投縣霧社奧萬大
面積：5分地
海拔：1400公尺
品種：青心烏龍（小葉種）
產製：高山烏龍、紅茶

「我們家祖傳的這片茶園座落在關頭山高處，北望雪山，東眺合歡山、奇萊山，南向是干卓萬山西邊，可看到玉山，下面就是碧湖（現為萬大水庫），我和太太都是賽德克族人，住在山下奧萬大的親愛部落，我們家可說是部落中少數的世代均賴務農種茶維生的家族，種有機茶是我接手後的事，雖然收成不多但很快樂。」舒揚茶園男主人白神羊爽朗的笑聲，讓人覺得他形容的快樂是真的從內心散發出來的愉悅。

感念父親堅持　保留自家土地

坐在山上自地自建的茶屋中，白神羊邊泡著今天剛採作的烏龍春茶邊說著這片土地的淵源，他回想在民國六十八、六十九年左右，中部山區許多土地都被一家知名的茶葉公司洽買種茶，那時也找上他父親，願意出六百萬元買地，那個年代，六百萬元是非常大的金額，但父親不為所動，或許是因家中世代務農，與土地感情深厚，或許是深諳有土斯有財、有土才有收的道理，反正父親告訴買家說要為家族及後代留一方土地當作存活基礎，於是在附近保留地陸續被收購的狀況下，他們家則由父親帶著幾個孩子辛苦下田種茶，不

▲從茶園便能觀賞雲海變幻

在乎族人、商人任何言語誘惑，一路走過來，至今那家知名茶葉公司幾番跌宕起伏，土地也經過幾度轉手，反觀他們家的農田茶園仍一如既往的保持原狀，家人念茲在茲的守護、耕種，白神羊希望這個傳承能一代一代繼續下去，讓大家知道在關頭山這一隅，有一片土地一直都屬於賽德克族人的。

說到種有機茶這五分地，白神羊說其實這片地在父親當兵時期就被林務單位無償占用，等父親退伍後輾轉得知此事，當時地上已被遍植當年的經濟作物杉樹，父親透過民代想方設法才討回，這已是民國九十、九十一年前後之事，想想這片祖產無端被公家單位占用竟長達四、五十

年，白神羊說及此竟無絲毫憤懣之情，反而用一種很慶幸的語氣表示，還好是公家單位拿去種杉樹，在收回自用後發現這片土地的土質和土壤的成分都十分優越，毫無汙染之虞，他在接管之後，當下就決定用來種有機茶。茶園女主人紀淑貞接著說，其實白神羊家中其他茶園都一直在種慣行茶，儘管用藥施肥的量並不重，但總還是會有殘留，她與白神羊曾有共識，要在家中茶園找片地專種不噴藥不施肥的有機茶，本來想在慣行茶園中劃一塊區域，但週邊都是慣行的話，要處理成有機茶園將曠日費時，正巧這五分地回歸家中，也正好讓白神羊接手，在了解地質、土質後，覺得不種有機茶真是有愧於天。

感謝教會單位　輔導栽植有機

雖然夫妻同心，雖然白神羊從小就跟在父兄旁學種茶、製茶，但在真正要實地親為地種有機茶、管理有機茶園，兩夫妻還

▲白神羊的父親堅持保留的土地，如今一部分成為有機茶園

是覺得有點不得其門而入之感。在九二一大地震後，中部山區茶產區大受影響，加上市面消費緊縮，茶市場行情受創，茶商縮手不敢採買，茶農生計備受衝擊，當時在部落傳教多年的天主教會就成立一個「新事社會服務中心」，專門輔導、扶助原住民茶農，開設種植有機茶的課，舒揚有機茶園的一切從無到有，白神羊夫婦倆異口同聲的說要感謝新事社服的輔導與扶助。

同樣的，像許多換跑道改種有機茶的茶農一般，白神羊在種茶之初也吃足苦頭，雖然有一片無汙染的土地，也許是學不到家、也許是種不得法，頭幾年的收成簡直慘不忍睹，父兄雖不反對但也難從他們口中聽到什麼好話，兩夫婦有時在茶葉採製熱季時，眼看著別的茶農一車車的收成送去部落中專設的茶廠製茶，大夥笑呵呵、樂開懷的神情讓他們很感慨，但白神羊並沒有因此而氣餒，夫妻倆的作法是更積極的上課，找茶改場的專家請教，訪視其他已有小成的有機茶農討教經驗，慢慢的，茶園中的茶樹發育變好了，茶園環境益顯清新，七、八年下來至今，五分地的有機茶園一年可有四收，總收成也能穩定的上看一百五十斤。為了感謝新事社服，每年的收成都有一定比例賣給中心，而新事收到這些茶乾會再嚴格篩選檢驗，合格的就會用部落「阿郎茶」為名行銷，而舒揚茶園的茶幾乎從未被打回票，這也給白神羊夫妻莫大的信心，在申請MOA（美育）有機認證獲得核可後，他們也試圖建立自我品牌，以白神羊的賽德克族名字舒揚為名，希望在有機茶市場闖出一片天。

夫妻同心經營　茶園洋溢愛心

舒揚茶園地理位置優越，東邊吹來的合歡山冷氣流，與南邊吹來的暖風在關頭山區形成一股中和性的氣旋，加上下端的碧湖水氣上升，讓茶園處在一個溫濕適中的環境，茶樹長得很好，茶枝茶葉嫩翠飽滿，他們很有心的把小小茶園分為A、B、C三區，當白神羊在茶園作事時，紀淑貞在家中會用手機問：「你現在在哪啊？在幹什麼？」「我現在在A區，幫這幾株茶樹整理環境，哇！這邊又長出一堆不知名的草，還會開小花呢！」類似的對話幾乎無日無之，夫妻間的濃情蜜意，流散在茶園間。雖然茶園土地無汙染，但他們也怕有空飄汙染的可能，於是在茶園邊種一些樹叢，諸如高過茶樹的黃金露灌木，會開紫色花朵的蕾絲露灌木，以及五葉松、白櫻花樹、楓香木等冬天落葉夏天遮蔭的樹。白神羊說這片茶園可說沒碰過什麼天災，周邊林相完整不致有土石流破壞，反倒是周邊的聯外產業道路在颱風季時偶而會因大雨沖刷、土石流沖擊而路斷，讓他們茶園的收成困在山區內。

▲非常勤奮的白神羊父母

▲茶園旁栽種的美麗灌木

▲舒揚茶園地理位置優越，擁有溫濕適中的環境

茶園充滿活力 猶如小動物園

由於是夫妻兩人同心協力管理茶園，所以對茶園中大小事都如數家珍，白神羊認為雖然採自然野放方式管理，但夫妻兩人分工照顧、積極管理，茶園非但不像一般野放茶園的雜亂，看上去還真的是有點慣行的樣貌，「茶園現在生態如何呢？」紀淑貞聽到這個問題，兩眼瞪的大大的告訴我說，我們家的茶園還真有點像小動物園，有機茶園中該有的蟲子如椿象、小綠葉蟬、布袋蛾、捲葉蛾、毛毛蟲等一樣不少，但我家茶園中不時還會有五色鳥、雉雞、螳螂、野蜂來吃蟲採蜜，也會看到野兔、穿山甲、山羌穿梭，甚至會有山豬跑來刨茶樹畦內的一種植物

的根，本來不曉得牠們在吃什麼？後來問了別人才知山豬愛吃一種叫苧麻的球狀根部，小小的五分茶園竟會吸引這麼多飛禽走獸出沒，看起來茶園生態已經非常自然了。

白神羊說因為在山上，所以茶園的灌溉用水會比較令人擔憂，尤其在冬季缺雨時，必須引管接山泉，但因成本高且效果不穩，所以打算近期內在茶園邊也闢一個水塘蓄水，一方面滿足灌溉所需，一方面可養殖一些水生植物、小動物，讓茶園生態更立體化，希望在舒揚茶園做出規模後，再拓展茶區，白神羊強調，再怎麼說，種出讓人喝了放心的茶葉才是茶農的天職。

說著說著，白神羊想到小時候被媽媽揹著隨父親從山下奧萬大親愛部落走上山來工作的情景，一趟總要走個二、三個小時才能到，那時爺爺看到於心不忍說太辛苦了，還好父親堅忍以對，一路走到今天來去部落已有山區產業道路可開車往返，白神羊憶起父親在當年那種艱困環境下都能「走」過來，我們這一代生活條件，工作環境已相對優渥了，更應記取前人篳路藍縷的辛勞，他很慶幸的說，還好兒子學農經，未來已表達接捧意願，目前有空就參與茶園農務，紀淑貞笑說，附近農友及部落中一些族人都

栽茶職人小絕活

因為在山區中，每逢茶採收季工人很難找，製茶師父更是奇貨可居，在旺季時若經過茶園，常可看到路邊停著一整排的私家車，這些不是茶商，不是遊客，而是製茶師父應約而至趕場來製茶的車隊，雖然從小就學會製茶，球形，半球形，條索等製茶工夫都難不倒白神羊，但他想的比較遠，因為一旦茶園產量增加的話，他一個人忙不過來怎麼辦？於是白神羊有意朝冷泡茶市場發展，如果能提升冷泡茶市場原料茶乾品質，不必刻意揉捻，只要經過適度的曬菁，室外萎凋（日光萎凋）過程，達到消水（走水）的效果，在製茶過程中稍加成形即可，這種茶葉在冷泡時會快速舒展、出味出色，與以往手工揉捻成形的茶相比毫不遜色，但較省事、省時、省工，也能滿足冷泡茶商的需求，目前雖然還在研究階段，但白神羊覺得應有可為。

▲各種生物拜訪的茶園

▼茶園主人白神羊與「親愛的」太太紀淑貞

叫他們夫妻檔是「傻瓜與熱情」的絕妙搭配，他們夫妻對這個封號一點都不以為忤，反而覺得很貼切、很正面，因為他們不好高騖遠，不追求物欲享受，守著土地守著茶園，盡一份山林子民應盡的責任，尤其是在看過《看見台灣》這部紀錄片後，更覺得自己選擇的路，選擇的生活方式是對的，真心希望在十年、二十年後再有人拍「看見台灣二部曲」的話，能讓所有台灣人對台灣山林保育、水土保持的成績刮目相看，千萬不要讓人看了更觸目驚心、更惶恐，白神羊說台灣的保育還有救，只要上下一心，官民同心，台灣的山林生機絕不會像電視劇的台詞「回不去了」，而是「回來了」。

▲茶園旁擺放的養蜂巢

▲茶園旁的蕾絲木灌木

▼舒揚茶園地理環境得天獨厚

種茶職人小檔案

茶農：白神羊

茶園：南投縣霧社關頭山高峰茶區
（MOA有機認證）

地址：南投縣霧社奧萬大親愛部落

電話：0921-300649（紀淑貞）

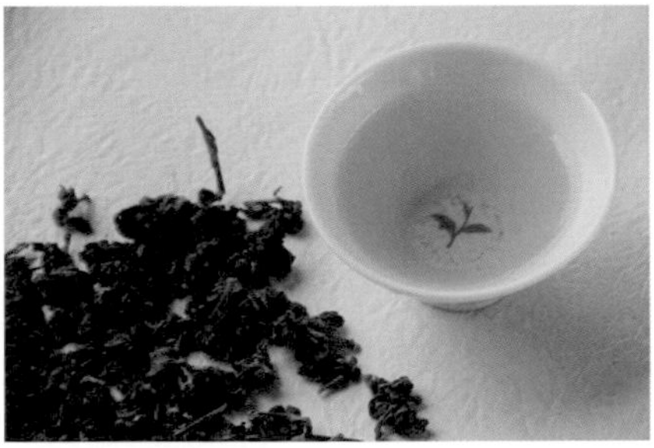

▲高山烏龍滋味清甜

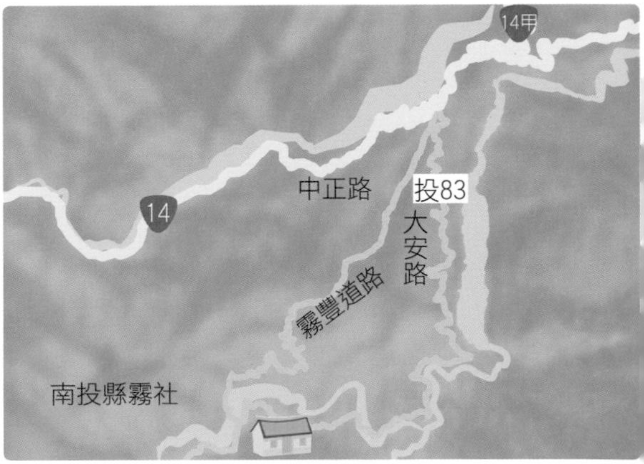

拾壹

歡喜做圓滿受的
歡喜圓有機茶園

茶區：南投縣鹿谷鄉彰雅村
海拔：380～400公尺
品種：青心烏龍
產製：烏龍茶

「在凍頂烏龍茶聖地種茶、製茶那麼久，為什麼會捨慣行改走有機這條路呢？」歡喜圓有機茶園「園主」葉峻呈聽到訪者如此開場，臉上立即露出「你只知其一不知其二」的表情，他說，的確，凍頂烏龍曾經讓鹿谷的茶園滿坑滿谷，那時台灣市場上只要標示「鹿谷凍頂烏龍茶」就身價不凡，茶農也多荷包滿滿、「麥克麥克」，但當阿里山高山茶崛起後，市場口味改了，鹿谷茶在台灣的「三千寵愛」一下子被分掉一半以上，加上沒多久越南茶大舉入侵，在茶價「高不過梨山、阿里山，低不過越南」的壓力下，市場一落千丈。尤其九二一大地震後，鹿谷茶區雖託天之幸未蒙大災，但整個中、彰、投地區受創嚴重，路毀橋斷、山崩屋坍，整整三至五年都在進行災後重建，鹿谷茶在市場上的通路也大受影響。葉峻呈回想大約在九十三、九十四年間，鹿谷地區的茶農已有不少人轉作買賣茶菁了，因為種茶實在入不敷出。

有機茶多小農　量少工重利薄

民國九十四年，葉峻呈也「隨波逐流」般捨掉種慣行茶老本行，但他與同行最大的差

▲災後重建後重新出發的起點——歡喜圓有機茶園

◀如今有機茶園彷彿一片森林系

別在他竟然選擇有機茶作為再出發的起點，他看一看茶行牆壁上的一幅幅「特等茶」、「頭等獎」等匾額，說這些都是種慣行時的光環，但在九二一大地震後，似乎把他從追逐金錢的遊戲中震醒了，以前他只想賺錢，不斷擴張茶園面積、不斷透過慣行農法增加茶葉產量，但在災後人生觀徹頭徹尾變了，錢不再是人生唯一重點了，也剛好鹿谷茶開始走下坡，已有茶農改做茶商或改種菜，而他決定在災後貸了六、七百萬添購機械設備做專業代工，整整十年下來，至今仍背負貸款償還壓力，自己的茶園也在那時起不再噴藥施肥、灑除草劑，休養生息了七年，於九十七年申請慈心認證，誰知一申請就過關，不論土地、水源、重金屬檢測都合格，葉峻呈此時就想「莫非這就是冥冥之中安排未來要走的路」。

獲得有機認證後，葉峻呈開始認真看待這片「無心插柳柳成蔭」的有機茶園，經過長期休耕，茶園地力已呈老化、弱化，在有機認證條件規範下，葉峻呈知道不能非法擴大茶園耕地，且不

▲茶園旁松樹

▲水池生態豐富

能超限使用，更不能挪用原生林地闢為茶園，種種形格勢禁的框架讓葉峻呈把心一橫，乾脆讓自家茶園採半野放管理和草相管理，不噴藥施肥，草長了就請工人拔，但只拔茶樹旁的草，以免擋到茶葉生長，如此照顧又等了三年，至民國一〇〇年總算有了些許收成。

開闢生態水池 茶園生機盎然

葉峻呈記得，在九二一大地震半夜發生前一晚，大約九點多正在看綜藝節目時，看到屋外有些平常慢吞吞的烏龜跑得超快，當時也不以為意，沒想到三、四個小時後就地動天搖，他在災變發生二十分鐘左右就趕到自家茶園觀看，只看到園外一個小池塘中的小動

物，如烏龜彈到茶園中田埂旁，青蛙到處蹦跳，一片亂糟糟，所幸茶園本身沒大礙，但也嚇得一身冷汗，天曉得這是老天的障眼法、聲東擊西，等回到茶行家中，這才嚇呆了，架上多年蒐購的陶壺、瓷壺及杯盤器具無不一被震倒砸碎，茶罐傾倒、茶葉瀉滿地，當時葉峻呈心想完了，一路走來經營的資產一夕化為烏有，當下估計損失葉峻呈：「千萬總跑不掉吧！」

茶園邊原有的小池塘就像一汪清心解憂的淨水，此刻反

▲蛙類、蜥蜴類生物也來此棲居

而讓葉峻呈保持一線清明，他知道，老天留了一方土地一片茶園給他，讓他從頭做起，於是他在茶園邊池塘細心維護、營造一個水池生態區，沒多久青蛙聚集了，而且還幫忙吃了不少夜盜蟲、茶葉蛾、斜紋蛾，也吸引一種食蛇龜進駐，加上周邊的兔子、飛鳥、鷺鷥會光臨，食肉食葉的都有，轉型三年這個生態圈就定型了。

因為所屬茶園是獨立存在，周邊並無空飄汙染之虞，但為了幫茶園打造花香、蜜源等蜂蝶生態，葉峻呈在田埂及茶園四邊廣種五葉松、桂花樹、羅漢松、樟樹、楓樹及肉桂樹，讓茶園周遭呈現一片林香綠意及花香，而且未來計畫採集桂花及松針、松果，試作桂花烏龍、松香烏龍（這一味茶在台灣可能算是創舉）。

▲小河流區隔不良汙染

栽茶職人小絕活

目前種青心烏龍的葉峻呈感慨的說，青心烏龍的確是好品種，好到蟲都不放過，有機茶農又不能噴藥除蟲，若要等天敵成形至少也得三、五年後，到時可能都已血本無歸了。所以，葉峻呈規劃慢慢將茶園中的青心烏龍汰換成「蒔茶」，即「台灣野生山茶」，他說這種蒔茶原本在鹿谷就是產區，後來茶商為推廣凍頂烏龍、青心烏龍，茶農陸續改種，至今鹿谷種蒔茶者已寥寥可數，但在高雄六龜山區，及宜蘭都還有專作野放蒔茶的茶人。

葉峻呈說，蒔茶因為是台灣原生種，生命力極強，具抗病抗蟲特性，且其在開花過程易招來各式蜂蝶小飛蟲沾惹吸吮，以致其茶葉風味十分多元，沖泡出來的味道比烏龍更多樣，拿來種有機茶可說是天作之合。

▲與自然和平共存的有機茶園

暖冬就無霜降　有機茶農最怕

自一〇〇年開始小有收成以來，葉峻呈都還處在與大自然「研究」如何和平共存的過程，所以，茶葉產量他倒沒那麼重視。葉峻呈認為，暖冬真的是有機茶農的「天敵」，因為暖冬一來，相關病蟲害不會像有霜降的季節般被自然阻絕，而且在暖冬期間，病蟲害的天敵活動力也因時序溫度的反常而減弱，病蟲肆

◀有機茶園以蚯蚓強化地力

虐可說一發不可收拾，嚴重的話整個茶園會像「蝗蟲過境」般被啃個精光。為了防範台灣天候愈來愈頻繁的暖冬帶來的重傷害，葉峻呈利用周邊樹林中的蚯蚓糞便撒在茶園中，當成養殖益菌的生態，一兩年下來，茶園中已有不少活蚯蚓鑽進鑽出，自然他們帶來的糞便也不少，養出的益菌既可強化土壤地力，也可增加茶樹本身抗蟲、抗菌力，且不用擔心用有機肥可能衍生的基改微生物元素帶來的後遺症，保證整個茶區生態圈檢測不出任何不好的殘留物。

需有自己通路　不能仰賴茶行

鹿谷既然已漸走下坡，年輕人為何不太願意踏入有機茶領域？葉峻呈笑笑地說，鹿谷種有機茶的多為個體戶，年輕人寧可改行當茶商也不願種茶，慣行的都快沒人種了，更何況利潤微薄的有機茶，也有幾位曾經想換跑道到有機茶來，但都被親友唸到

▲特地停下來迎賓的野生蝴蝶
▲▶歡喜圓有機茶園女主人開朗知足

▼歡喜園主人葉峻呈
▼▶生命力強韌的雜察根系

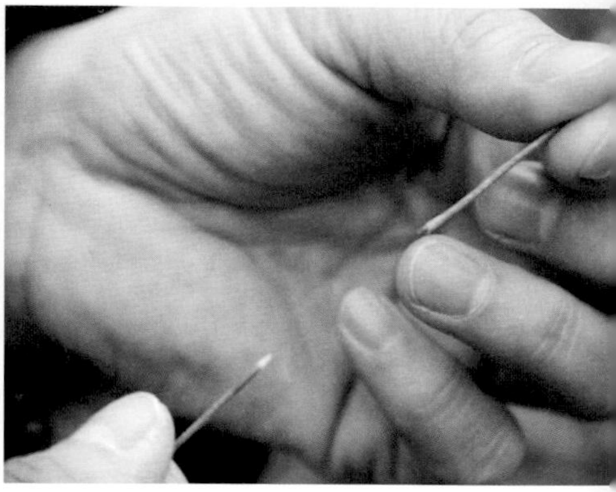

打退堂鼓。葉峻呈說要當有機茶農一定要有正當且堅定的心態為基礎，不能把任何慣行的經驗帶來，那完全不合用，有機茶農一定要有自己的通路，包裝也要親力親為，否則委託茶行或他人做的話，不知會貼上什麼標籤，搞不好打壞茶園名聲與品質口碑，太划不來。

雖然茶園邊已種了不少有機茶、有機水果，整個生活已趨近有機化，泡有機茶來喝已像刷牙洗臉般自然，但葉峻呈說他有一點很難理解，就是台灣的有機農業的法規為何不能比照歐盟，若有機田園有汙染就罰汙染源，而不是罰有機農，台灣這種作法會嚇阻很多人轉入有機這塊領域，難道台灣的法律是以保障噴藥施肥、灑除草劑的慣行農為出發點，有機農的權益只能自求多福嗎？

葉峻呈的太太說得好，這位從台中大雅嫁到鹿谷的城市女孩，嫁過來後才學會務農、種茶、接觸製茶，以前還作慣行茶時，她雖然有幫著做，但會要小孩不要靠近、保持距離，但現在改種有機後，一家人常在茶園中、水池邊嬉玩，一點都不擔心什麼農藥化肥的殘留汙染身體健康，她認為在無憂無慮的環境中安心地享天倫之樂，同時又看到自力更生的收成，有機真是一舉多得。

▲默默支持守護家園的葉太太

種茶職人小檔案

茶農：葉峻呈
茶園：歡喜圓有機茶園、鹿雅茶業
地址：南投縣鹿谷鄉彰雅村中正一路310號
TEL：（店）049-2752841；（廠）049-2755301
手機：0933-420021

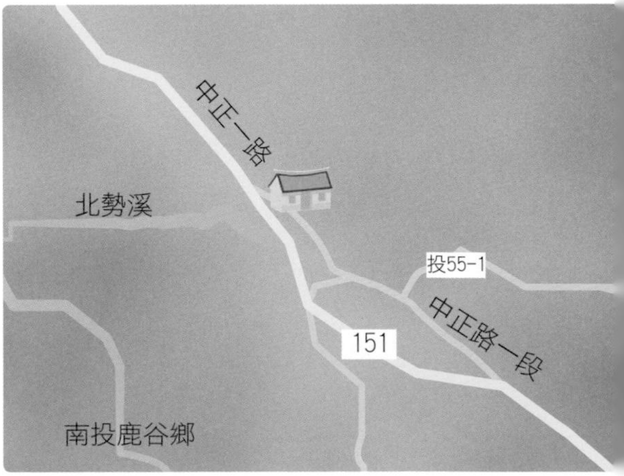

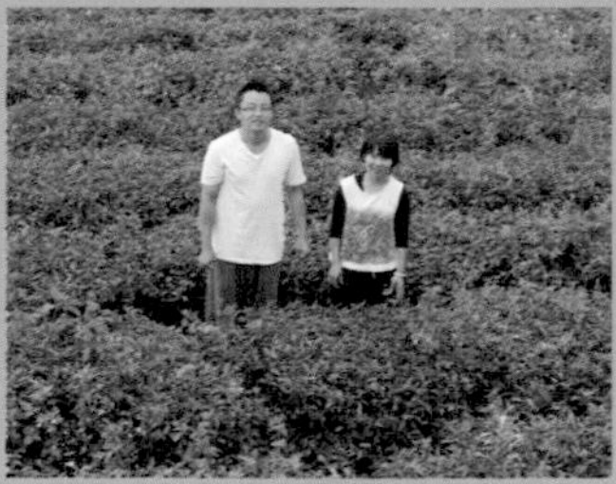

台灣有機茶區——南部

［阿里山茶區］

自然就是美的供足茶園

為後人留片淨土、留株老欉的雲鄉茶園

幫土地就是幫自己的作茶人——葉人壽

失之東隅收之桑榆的耕園茶葉

鄒族人驕傲的來吉山豬茶

尊重自然、知足常樂的簡嘉文無名茶園

土地輕鬆人自在的一品茶園

幫金萱擦亮招牌的游芭絲茶園

［高雄］

低緯度低海拔的澄舍有機奇蹟

壹

自然就是美的 供足茶園

茶區：嘉義縣梅山鄉瑞峰村
海拔：1000～1200公尺
品種：青心烏龍
產製：野放烏龍、高野紅（紅茶）

嘉義梅山鄉瑞峰村，傳統的阿里山茶產區，市場行情一直居高不下，阿里山茶農也多樂得守著茶園，辛勤耕耘，看著從黃土地長出的「綠金」，變成大把大把鈔票入袋，這種日子滿好過的呀！可是，同樣是瑞峰，同樣是種茶世家，七年前卻冒出了一對年輕夫婦，獨樹一幟地將傳統農法茶園改為有機施作茶園。

曾在醫院服務　目睹農藥之害

張供足，個頭不高，這片茶園的女主人，在七年前辭掉嘉義聖瑪爾定醫院的工作，隨著先生葉俊誠返鄉務農種茶，「記得當時在醫院，看到癌症門診病患人數的增加速度，真是非常震驚，其中不少老農更是滿臉風霜硬撐著病體就醫，據相關醫師告知，許多癌症病患的肇因與農藥的濫用有關，長期接觸或吸入、食用，均會造成人體器官組織病變。」張供足談到這段過往，至今仍心有餘悸，也因此讓她下決心辭掉醫院工作，因為她覺得，醫院只能扮演救治病痛的角色，醫師無法阻卻病痛發生。所以，張供足有個念頭，想從食物鏈的源頭作起，從土壤到作物，一律不用肥料、農藥，為消費大眾供應最純淨的農產。

▲遠離其他鄰里的有機茶園

老家在瑞峰的先生，家中本就有一些施藥施肥的茶園，先生九年前退伍後即回老家協助務農，當張供足離開醫院隨先生的腳步來到瑞峰後，堅定的跟先生要求「種茶可以，但是要照我的方法，不施肥、不噴藥」。了一圓老婆的夢，茶農世家出身的先生認為，已經施肥噴藥的土地顯然不宜，於是把家中一塊較獨立、與其他茶園不相連的田地，提供給老婆種「有機茶葉」。

光是調理土質　前後耗時五年

張供足很高興先生支持她的理念，可是公公那一關就沒那麼容易過了，供足和先生取得一個默契，就是不和長輩爭吵，一路走來默默堅持，等到有農作績效後再說。果然，最近幾年茶園名聲漸漸傳揚，吸引不少人前來參觀，產的茶也慢慢有了銷路，長輩們才開開心心的接受「有機茶園」的事實。

張供足回憶這幾年的甘苦，她說因為採「純自然農法」，除了除草用人工外，基本上就是「野放」，了改善土質，還特別下山請教前輩，在茶改場上課，向農會求教，許多同業也不吝告知，張供足學到了在茶園旁種桂花、蘋果樹等植物，專家說這些樹的花入土分解後，會釋放微量元素活化土壤，而且植物本身有特別的香氣，可增

▶張供足非常感恩，一路走來多謝有夫婿的支持和協助

加作物風味。縱使有行家指導，還是花了五年才將茶園的土壤回歸自然純淨。

張供足說自然農法立竿見影的副作用就是「蟲害」。剛開始兩夫婦被三不五時冒出的小爬蟲、小飛蟲搞得頭痛不已，而且這些小傢伙會在茶枝、茶葉背面、茶梗間產卵，很難處理，有時採收還會碰到蛇、鼠等小動物，不得已還是請教專家，得到一個像方法又不像方法的解決之道，那就是放任蟲爬蚊飛，專家說世上任何生物都有天敵，一物剋一物，人何必自尋煩惱想用人為手段抑制，於是張供足就真的「順其自然」，也是經過四、五年，她發現這些蟲害慢慢形成時間序的規律，而且對茶園的為害程度愈來愈輕，至於產卵的問題，就透過採收後「炒菁」時讓蟲卵剝落。

為保茶葉純淨　製茶尤須講究

記得剛有收成時，量雖不多但總是成果，興沖沖的拿到製茶場請人產製，製好後送去檢驗單位，誰知檢驗結果如一大盆冷水澆頭，全部都有農藥、化肥反應，張供足這回真是懵了，自然農法、野放成長，哪來的農藥化肥啊？還是請教專家，專家一聽就懂，「那是茶場機器及場地汙染所致，因為只有你們是有機茶，其他都不是，所以你們拿茶去製，不啻望你的茶出污泥而不染嗎？」

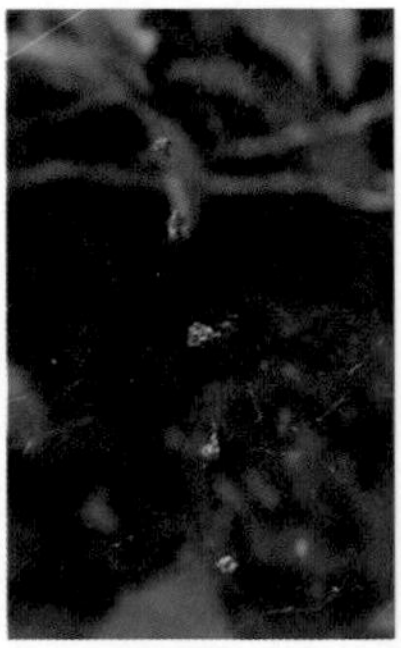

▲野草叢生不過度介入是張供足的有機概念

▶茶園旁的蜘蛛網說明有機茶園的無毒環境

種茶職人小絕活

張供足認為，有機茶這些歲月的歷練，讓她了解到「無所為而為」的樂趣，比方說，家中茶園收成並非年年穩定成長，有時候還會「倒退嚕」，這時和老公就會相視一笑，為什麼呢？張供足說因為收成少，反而在茶事務上花的時間精力會減少，也意味著他倆照顧咖啡、製作有機茶梅的時間多了，她做的這批產品目前已有熟客下訂單採購，但張供足不好意思地表示，因為純手工、有機化製程，所以產量並不多，若有意預訂，最好先來電詢問，以免向隅。

▼張供足婆婆剛農作回家

▼張供足的有機概念逐漸感染其他長輩跟進

於是夫婦倆決定，下回去茶場製茶前，先把場地清出，再花半天時間清洗製茶機器，以確保自家茶葉的純淨品質，果然，經過這道工夫，供足的有機茶真的是纖毫不染，她還研發一種不用製茶機的手作紅茶，從頭至尾都是無汙染的生產、製作。

她們家　了貫徹有機無藥的飲食環境，在有機茶園旁闢一塊為有機菜園，邊上再種幾株果樹，一切均自然野放，家中「菜自己種，水果自己摘，肉吃自己養的，連咖啡都是有機自種」。張供足有個願望，盼透過雙手實作的過程，把自然健康傳出去。

和土地搏感情　享受有機人生

張供足很慶幸地說，有些同業投入這塊領域，前後花了十多年才漸見成效，而她目前才七年就略有小成，她覺得老天已太眷顧她了。在多年和土地友善互動的過程中，她發現大自然才是讓土壤「地力持久，生長力蓬勃」的關鍵，雖然自然農法幾乎就是「看天田」，產量及品質都有人力所難控制的因素，所以她無法承諾大量的訂單預約，目前茶園生產的「野放烏龍」、「高野虹（紅茶）」均有一定的銷路，大多賣給熟客，儘管無法拓展產能，夫妻倆人也樂得守著這一方淨土。茶園旁一幢祖傳的採筍寮已經歷八十多年風吹雨打，老公打算整修一下，當作茶園旁「喫茶趣」的品茗小屋，帶著家人坐享清風明月、有機人生。

張供足茶室充滿藝文氣息，成為夫妻倆聊天最佳空間

種茶職人小檔案

茶農：張供足、葉俊誠

茶園：茶供足自然農法茶園

地址：嘉義縣梅山鄉瑞峰村新興寮7號

TEL：0913-126358；0963-310606

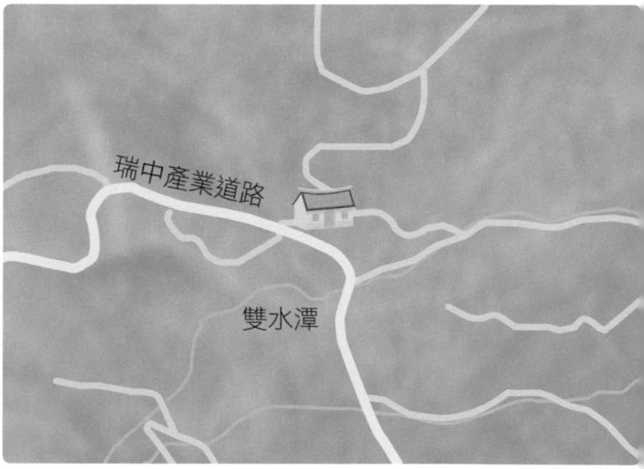

貳

為後人留片淨土、留株老欉的

雲鄉茶園

茶區：嘉義縣梅山鄉太和村阿里山茶區
海拔：1300公尺
品種：青心烏龍
產製：阿里山茶、手作特色紅茶

「種有機茶真的很辛苦，土地要挑過，除草很費工，採收很費事，還無法控制產量、品質，所以每一回的收成，我們都非常珍惜，雖然產製的茶葉量不大，但是只要認同有機茶價值的消費者，我們都很樂於結識、結交。」

嘉義縣梅山鄉太和村的雲鄉茶園，在當地是間歷史悠久的茶園，早在現在茶園主人林盈池的祖父年代，雲鄉茶園就是村中最大而且是第一家製茶廠，從桃園新屋遠嫁來此的客家媳婦黃美雲回憶，阿里山早年就種過從大陸安徽引進的紅心烏龍，規模不算大，可惜在二戰期間沒落了，直到民國六十幾年才慢慢復甦，那時梅山有個龍眼茶園算是最具規模，到了民國七十三、七十四年間，高山茶興起，而太和村就是整個阿里山區最早種植的區域。

婆媳同心　耕耘有機茶園

說起與茶結緣過程，美雲臉上漾起幸福神情，她說老公在民國八十二年就返鄉種茶，而她是北體畢業，先在學校任教，有一次得空參加出國旅遊團，途中認識了林盈池，爾後嫁到太和村，協助老公種茶，由於學體育，對身體健康的維護相對較重視，因此建議老公

▲面對陡坡，有機茶園上的雜草叢生，黃美雲老公林盈池無奈苦笑

改種有機茶，但家中施作多年的傳統施肥噴藥茶園不易改變，老公就將原本是竹筍田的一塊坡地移作有機茶園。

因為是坡地，所以茶園土壤與鄰接田地不易產生水土滲透、汙染，省了不少土質調理的作業，但也因是坡地（其實滿陡的），在種植、拔草、採收過程都十分費事，美雲說這就要感謝她婆婆了，她婆婆不但樂見、催生有機茶園，並親力親為地爬陡坡照顧，婆媳倆有志一同的把這片茶園搞得有模有樣。

自然野放　難敵天災肆虐

美好的日子延續了五、六年，直到民國九十八年莫拉克颱風帶來的八八風災。在這之前美雲婆媳合作的有機茶園真是段美妙的回憶，美雲說為保茶葉的純淨，採收時靠近園邊種植的茶都不採，讓這些茶樹形成天然的防火牆，隔離可能的汙染源，因為是自然野放，所以茶樹的根都　地極深，土壤養分充份吸收，雖然茶葉不像施肥噴藥的葉片那麼肥厚，但也不易有病蟲害，且生命力極強韌，香味、甘味都醇厚。美雲說雲鄉茶園是第一個製作紅茶的地方，誰知後來蔚然成風，這就要歸功於一個製茶老師傅，他教茶園製作有機茶的訣竅，運用溫差自然發酵，可將有機茶孕發出獨特的甜度及香氣。

八八風災把小林村夷為平地，死傷慘重，太和村也有數人罹難，茶園產業也受創嚴重，公婆家的幾處老茶園及那片有機茶園

種茶職人小絕活

婆媳同心協力照顧的有機茶園，雖然在八八風災後遭到無情摧毀，目前處於野放、休養地力階段，但是美雲想起這片原為竹筍田的陡坡（斜度三十度左右），當初轉作有機茶園前，也是經過一段時日才成形的，期間先後種植甜柿、紅肉李，都採有機野放方式，在幾度開花結果、落花落果的過程，原本貧瘠的陡坡土壤增加了不少花、果沉積，地力與養分也開始豐富起來，後來與婆婆聯手種有機茶也相對稱心如意。而今老天似乎有意要她們從頭再來，美雲也想到再從果樹開始，依樣畫葫蘆，再打造一個「三十度的有機斜坡茶園」。

都因走坡而面目全非，婆婆災後手腳並用地爬到陡坡處，一看之下真是欲哭無淚，滿目瘡痍的茶園成了土石沉積區，多少心血全部淪陷，黃美雲當時也是愣在田邊，難以想像該地原本是一片茶園。

經過這次天災地變，婆婆有些氣餒了，美雲有些灰心了，老公也覺得無奈、無力，一場家庭會議後，決定讓土地休養生息個幾年，讓大自然的力量將土地的生機回復，一直到今年，這片茶園還處於純野放狀態。

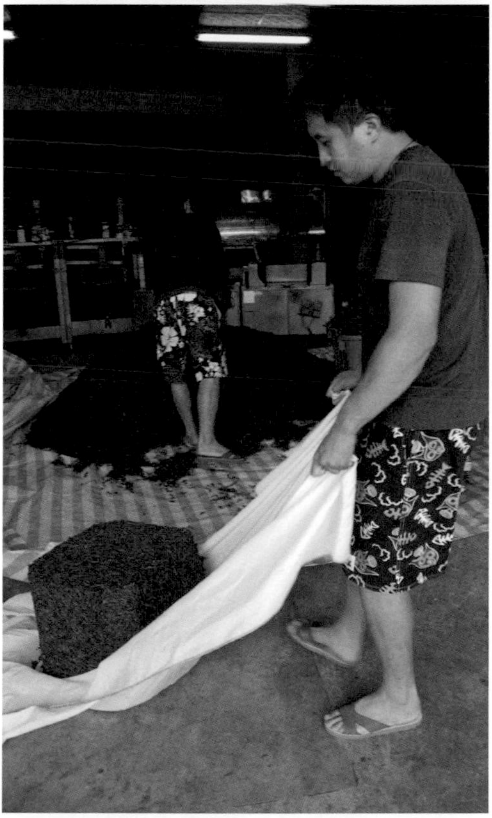

▲家中設有茶廠，從種植到製茶可一氣呵成
▲▲有機茶園位在陡坡上
▲▶受到莫拉克颱風重創的太和地區沉潛了好長一段時間

◀黃美雲的老公是有機茶園主要看護者
▶也在小學代課的黃美雲個性積極熱情
▼家中其他慣性茶園近年來施放農藥量也逐年降低

不離不棄 堅持茶園復耕

美雲說所謂的阿里山茶，應是指分布在嘉義梅山、竹崎、番路、中埔及一部分大埔區域的茶園所產的茶，這塊區域有個地理特性，就是分布在北回歸線上下二十五公里以內，平均茶園高度約在八百到一千三百公尺左右，由於雲霧重、水氣足、日照適量，所以茶葉有異於其他產區的香氣及甜度，這大片區域的茶農也知道老天的恩賜，在施肥噴藥的過程，儘量減低用量，不以提高產量為訴求，所以阿里山高山茶的年產量一直未見大幅提升。

美雲表示，她覺得這樣還不夠，她由衷的希望，透過有機茶園的農法，為大自然留片淨土，而這片淨土種出的茶園可為後人留下最潔淨、絲毫無汙染的茶樹，也許一、兩百年後，這些茶樹就成為那些年代的「老欉」，讓後人在品茶時可憶起前人「友善土地、融入自然」的種茶農法，進而有樣學樣、生生不息。

「明年春後，我們就下田清土石、除草，我們雲鄉有機茶園將重見天日了。」美雲為自己的有機農事訂了個時間表。

種茶職人小檔案

茶農：林盈池，黃美雲
茶園：阿里山太和雲鄉茶園
地址：嘉義縣梅山鄉太和村
TEL：0932-805607

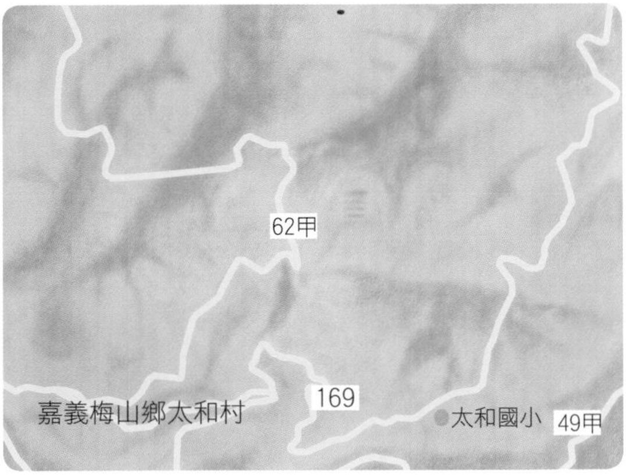

叁

葉人壽

幫土地就是幫自己的作茶人

茶區：嘉義梅山鄉太和村
海拔：950～1050公尺
品種：清心烏龍
產製：手作琥珀紅茶、清心烏龍茶

在《看見台灣》這部震驚台灣人的山林保育紀錄片中，有一幕是一間廟連地基都因走坡而滑落至險坡邊傾頹，這個災難現場就在嘉義太和村葉人壽茶農的茶園旁。葉人壽帶著我眺看仍倒在坡邊的廟時，感慨地說：「八八風災雖然一夕間讓我們成了災民，但也改變了我們對土地的觀念，已有不少人災後改採自然或有機農法種茶，希望能取得生產與環境的平衡，願意揚棄『山林破壞者』的惡名，盼轉型為『土地守護人』。」

從小製茶　對茶可說愛恨交織

在太和村，葉家茶園規模是數一數二的大，葉人壽從小六起就被父親拉著學製茶，如今已在茶園裡打滾了三十多年，期間曾因太累、太繁重、好玩樂而兩度離鄉，直到一次機緣去了茶改場認識了一位製茶教授後才改觀定性。

葉人壽回想這位教授對他的影響，教授告訴他在國外香精製作的祕訣，從提煉到研發，各種香精都呈現不同風味，葉人壽認為這是開啟他對茶葉豐富層次變化可能性的思考關鍵，從此，對茶葉製作（包括溫度、火候、發酵、形狀等）過程深入研究，一度還想提煉茶精，後雖不了了之，但也因此提升製茶的知識與技術。「茶是一種酵素，散發自然香

▲葉人壽的有機茶園就位在《看見台灣》紀錄片中傾斜廟宇旁

▲葉人壽投入有機茶園仍待家人認同

氣，若過度用藥，施作化肥，就會破壞酵素而產生一種化學香，聞起來會膩，很不自然」，葉人壽說太和山林種了不少杉木、野薑花，不論是杉香或花香都與土地自然融合，種出來的茶也醞涵其香味，若製茶時用深度發酵、柴火炒茶，更能凸顯特殊的野薑花香。

知而後行　地上地下都是學問

八八風災時，葉家茶園走山滑坡崩毀長達二百公尺，起初以為茶園全部流失了，後再尋獲時已是一年半以後的事，當他看到走山後的老茶園中茶樹長得更茂盛時，心中那份震驚真是難以形容，當下也給他一記當頭棒喝般的啟示，於是就在老茶園邊整地規劃出兩分地作自然農法茶園。

因為師法自然，所以不用人工干預施作，驅蟲用自種的辣椒磨成粉灑在茶樹上，不但蟲少了也能促進茶樹成長；淨土的話則在茶園邊多種玉米、向日葵，它們的根部能吸收土中的重金屬成分，潔淨土壤雜質，因為磷酸鹽、硝酸鹽多沉積在植物根部層，若有植物的根部能深化突破此層面，即可吸納過度不當成分促進土質淨化，並能快速累積碳元素，經過腐化而提供土壤養分。

秉諸良心　任何認證都是形式

葉人壽的茶葉至今未申請任何公私單位的認證，葉人壽認為，認證程序太瑣碎，且認證公信力在消費者對食品安全的要求日漸提升的狀況下逐步消蝕，寧可自己花錢找官方授權檢驗單位檢驗，憑著這個單據就可讓茶客放心，只要對得起良心，何必去認證，若是出差錯的話，毀的是自己的志業與良心，所以千萬不能出包。因自然農法茶園是一種看天田，無法保證收成，一年最多一至二次收，量都不大，而且大多等茶樹較老時才採，其嫩芽、長枝都保留，所以茶樹的老幹長枝都沒動，雖然會根深柢固，但也影響茶樹下季的成長速率，儘管人自然有其平衡之法，但這種循環的時間是急不來的，所以自然農法的茶農必須要很有耐心才行。

在自然茶園旁還是有葉家其他的慣行茶園，葉人壽對此毫不擔心，因為他的慣行茶園用藥量已極低，且鄰近自然茶園的茶樹有一整片皆不噴藥，形成天然綠籬，葉人壽說慣行法種出的茶不能擺放太久，因為其施用的化肥成分易分解，會帶酸性，影響茶葉風味，而自然茶園無任何人工汙染，所以可以存放很久，就好像天然普洱老茶。

▲有機茶樹生長情形

▲茶園的生物樣態

在自然茶園中，葉人壽指著幾株枯黃的茶樹說「這就是枯枝病，是一種茶樹的傳染病」，他說不用怕，枯枝病也是環境生態平衡的一種機制，只要讓茶樹間的通風足夠，日照充分就能抑止，斷掉的枯枝還會再發新芽，生命力反而更強。

簡單知足　自然是不能得罪的

在災後徹底改變人生觀的葉人壽，深感大自然「破壞容易恢復難」的道理，對茶也抱持同樣態度，認為過多的人工介入，從種植、產製、行銷管理，各個過程都人工化，雖然茶農、茶工、茶商可得到一時、一定程度的滿足感，但這種人為方式是會得罪大自然的，要讓茶樹不自然的快速成長、不自然的沒蟲沒病，誰受害呢？葉人壽很用力的說是「土地與人受害」，他說前兩年和友人去大陸廣西山區，看到一位九十六歲

種茶職人小絕活

葉人壽茶園中的蟲只驅不殺，咬食葉片、採蜜授粉這些大自然現象在茶園中屢見不鮮。葉人壽認為土地中、植物上的蟲啊蜂啊，牠們與其成長空間本就會產生一種良性互動，生物不會讓自己存活空間破壞殆盡的，因為生物有區域歸屬的特性，所以在牠們「勢力範圍」中的土地、植物，只要人不做非自然的干預，基本上都會朝良性方向發展。

▼太和山林是傳統茶區

的老翁蹲坐在黃土地上，一臉和樂安祥的編織竹編器具，那種神情渾然與周邊自然環境融為一體，看了真是平靜和諧，可是後來再去時，已看不到老翁身影，只見旁邊農田中嶄新的耕耘機轟隆的吼著，一陣窒息式的聲浪及混雜油氣的味道傳來，真讓人急著想離開。

葉人壽說，種自然茶固然是災後人生觀的一大轉折，但在身體力行後，自然觀反而影響了他的生活各面向，家門口種自然菜、野生水果，茶樹籽採下曬乾脫水還能榨油，反正家人生活已漸融入自然，家人氣色、健康也都安好，葉人壽常希望「自然茶」只是一個起點，而他個人的作為也只是一個開端，有朝一日，盼能推廣這個自然觀到吃的領域，讓相關產業都不再以追求產量、利益為最高目標，轉化為以消費大眾健康為依歸的生產模式，進而與大地親善，與植物樹林結善緣，套一句美國前總統甘迺迪的話：「別問大自然為我們做了什麼，應問我們為大自然做了什麼？」

▼葉人壽的有機茶葉

▼葉人壽與父親在茶室品茗、會友

種茶職人小檔案

茶農：葉人壽
自稱：做茶的
地址：嘉義梅山鄉太和村公田
電話: 05-2661098

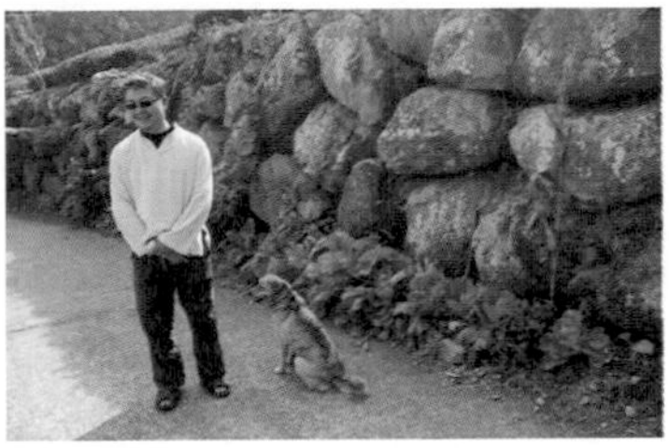

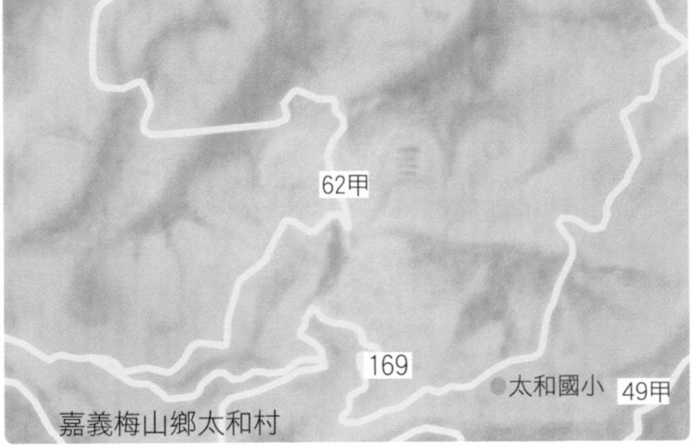

肆

失之東隅收之桑榆的

耕園茶園

茶區：嘉義縣番路鄉公田村
海拔：700公尺
品種：阿里山野桑、台桑二號
產製：有機養生桑葉茶

「如果不是看到媽媽因罹患巴金森症，不能喝含咖啡因成分的茶，我恐怕沒有那麼大的研發動能，投入桑葉茶這塊陌生的領域」，已年過半百的茶農劉家佔娓娓述說他開發桑葉茶的動機。

茶雖好　能養生保健更好

種茶三十年，劉家佔在嘉義番路鄉八掌溪上游的山坡地有一塊占地五公頃的茶園，說是茶園也許有些同業不以為然，因為他的土地上種的不是一般人熟悉的茶樹，而是種桑樹，劉家佔憑著與北部坪林製茶師傅同樣優越的製茶技術，竟能將桑葉採製成桑葉茶，他說，他在九十二年以前也是種傳統高山茶，

從慣行再轉種有機茶，但後來眼見茶市場供需失調、濫竽充數，加上有機茶種植成本高，價格訂太高乏人問津，價格不合理則血本無歸，在八十四～八十五年間那時一個機緣，前往台東藥用植物保健中心受訓，接觸了植物與養生保健領域。到了八十六年日本茶試所為研究如何將綠茶保鮮，發現透過厭氧發酵能達成目的，而且還發現綠茶中含麩安酸適合伽傌胺基丁（GABA）成長，隔年，日本就研發出伽傌茶問世。

▲劉家佑因媽媽而投入桑葉茶領域

桑葉茶　本草綱目有記載

到了八十九年，台灣茶改場也引進相關技術及觀念，嘗試以阿里山高山茶為材料試作類似伽僞茶，發現阿里山茶作出的成品所含的「養生級元素」非常豐富，但有一種難聞的氣味，不好喝，茶改場認為是產地因素使然，後來此專案獲得國科會重視及補助，到九十一年時已成功作到除味，但是用阿里山高山茶製作伽僞茶還是有供應及成本的問題。

九十一年底，嘉義番路農會找上劉家佔，問他有無意願轉作「伽僞茶」，而且是改以桑葉為原料，研發「有機桑葉伽僞

▲耕園茶園的「神仙葉」上的蠶寶寶

▶一片翠綠的桑葉田

茶」，此時正好是劉家佔對傳統茶葉的市場亂象心有所感，家中老母罹病難以入眠的內外煎熬時刻，於是同意試種桑樹製茶。

在試過全國各種桑樹品種後，最後選擇種阿里山野桑及農改場台桑二號兩種，因為這兩種桑葉所含的ＧＡＢＡ量相當豐富，深具養生保健功能。根據國立中興大學區少梅教授的資料，桑葉中含有降血壓、降血糖、降血脂等成分，且無副作用，而且據《本草綱目》李時珍記述，桑葉能安神解毒、健胃通氣、明目長壽，堪稱為「神仙葉」。區教授甚至提到，若將桑葉轉製成茶葉，經過適當工序處理，其所含的ＧＡＢＡ還會再提升一．三倍，更添增香氣與口感。

劉家佔回想改種桑樹之初，發現桑園不必太照顧、也不必施藥，只需用人工豆粕堆肥，雖然有「桑天牛」蟲害，但只要將主幹移除即可抑制感染，「白粉病」更簡單，灑水即能除病，所以在九十五年起改用有機農法種桑，到了九十八年獲得有機茶認證。劉家佔說，因為他的製茶技術曾經打敗過頗富傳統盛名的坪林製茶師傅，奪得全國製茶冠軍，所以在製作桑葉茶時並沒有什麼問題。

製好茶　就像惜福作功德

雖然一些同業或消費者不認同「桑葉茶」是傳統認知的茶，但在劉家佔心中覺得無所謂，他以為任何茶都是要喝下肚的，光用看與聞的怎麼能證明這是好茶，劉家佔說出他心目中好茶的要件，他認為好的茶只有一個檢驗標準，就是對人體不僅不能有害、還要有養生保健功能，如果能親手種植、採收、製作出這種茶，劉家佔覺得這是一種功德，為大眾照護健康的一種功德。

種有機桑和有機茶有何不同？劉家佔表示，台灣的大環境就是高溫多溼，地少人稠，一般農地櫛比鱗次，很難隔離，容易相互影響、汙染程度較高，要達到作物零檢出根本是天方夜譚，他覺得老天跟他開了一個有趣的玩笑，就是賀伯風災時，他的農園被崩滑土石淹沒沖刷，災後費了好大一番心力整理，誰知失之東隅收之桑榆，整好的田地土質丕變，好像脫胎換骨般無汙染，他馬上築起田邊擋土牆與鄰接田地隔開，形成獨立區域，之後就能

▲劉家古厝

▲刻意培育的有機肥蟲

▼綠油油的桑田前，劉家佔期待未來有更多的人認識桑葉茶

種茶職人小絕活

《栽茶職人小絕活》

桑葉茶與一般茶有何異同　劉家佔說大致可從三個面向區別。首先，桑葉茶都會切成條片狀，不會像烏龍茶作成球形，或是揉捻成條索狀，因為條片桑葉較易出味、出色，厭氧發酵程度較佳，釋出麩胺酸效益更好，能獲致茶葉保鮮效果，且能增加養分，更具助眠寧神功能。再者，桑葉茶在種植過程最樂見降霜，因為被霜打過的桑葉維生素P更豐富，桑樹本身也會更耐寒，縱有蚜蟲、桑天牛的蟲害在桑枝上產卵，甚至有時會有整株樹幹都被蟲害掏空，只要把受損的主幹切除，蟲害就可控制，且經過風霜的桑葉生命力都更強。而在採收時，不必像一般茶葉採嫩牙或什麼兩葉一心、三葉一心，只要是綠色桑葉都可以採摘製茶，所以採收量比一般茶園來得大。

第三，製作桑葉茶其實與一般製茶大同小異，只是少了日光萎凋步驟，傳統炒青除了具備炒乾脫水功能外，還連帶有除蟲、去卵作用，炒桑葉亦然，但劉家佔研發出「超音波震盪水清洗法」，因為傳統製茶時不能碰水，以免影響發酵風味，劉家佔就想出先用超音波震盪的方式用水清洗，再配上遠紅外線加熱法照射桑葉蒸發水氣，乾燥脫水效果比炒茶還好，但能提升伽傌胺基酸含量，目前此法正在申請專利。

▲賀伯風災的影響仍觸目驚心

▲自家菜園，天然有機

安心種植有機桑園，直到今天也獲得MOA美育及慈心兩項有機認證，劉家佔真心感謝老天對他的眷顧。

目前，台灣養生保健風氣漸開，劉家佔產製的桑葉茶也漸漸打開銷路，許多上班族透過網購、宅配長期購買，劉家佔說，他是抱著半回饋半營利的心態作賣茶生意，所以他的桑葉有機茶比一般市售的有機茶便宜很多，雖然產製成本不斷增加，也未考慮漲價，劉家佔說，畢竟顧健康不能只顧有錢人的身體。

▲桑葉田旁古色古香的房舍

種茶職人小檔案

茶農：劉家佔
茶園：耕園茶葉
茶種：阿里山野桑、台桑二號
地址：嘉義番路鄉公田村
電話： 05-2530220

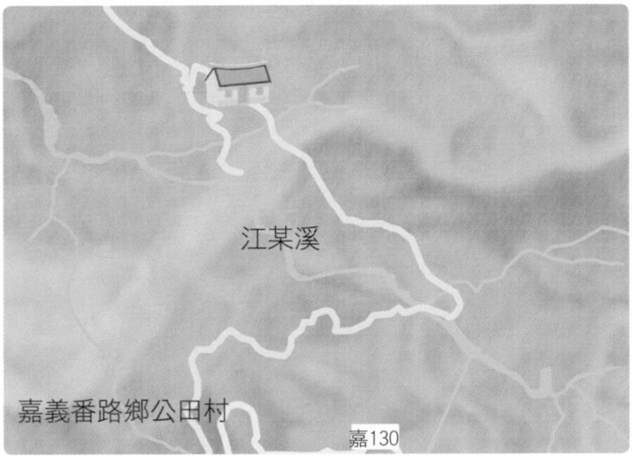

伍 鄒族人驕傲的來吉山豬茶

茶區：嘉義縣阿里山鄉來吉村
海拔：800～850公尺
品種：青心大冇（即大葉烏龍）、青心烏龍
產製：手作紅茶

「不是被山豬吃過的茶葉啦，是我們鄒族人為了紀念這原本是山豬棲地的來吉，而且讓族人永遠記得遷徙歷史與路線的緣故，所以把我們家的有機茶命名為『山豬茶』」。長得很福態的茶園女主人小鳳（鄒族名不舞・阿古亞那）用她很樂天、爽朗的笑語給我們上了一課。

在阿里山西北方向不遠處可看到綿延約二千六百至二千七百公尺高的群峰，這片有如屏風的山脈就是鄒族人的聖山——塔山，對山下的來吉村而言，塔山是族人靈魂的守護者、是族人魂靈的歸處，十分神聖且令人敬畏，山豬茶園就在山下八百公尺左右坡地，占地約一公頃，種了將近一萬株茶樹，一年最多可收四次，總共能收兩百斤就很好了，原本是男主人梁宗賢與小鳳夫婦倆一同照管，後來梁宗賢被推選為地方民意代表，事務繁多，茶園大小事大都落在小鳳身上。

與山豬結緣　自然種茶快樂作茶

兼任「不舞手工藝作坊」主人的小鳳說她從小養山豬，有一次她外出時，她母親竟然把山豬殺了加菜吃，她回家後十分傷心，從那時起她就一直在畫山豬，把腦海中想得起來

▲阿里山來吉不舞的茶園位處獨立區塊

◀不舞茶園旁的綠蔭老樹
◀◀阿里山來吉不舞和老公協助族人再發展的木工坊

的各種山豬體態、姿色、表情都畫出來，並且暗自許願，要照顧牠，讓牠成為最快樂、最受歡迎的山豬。也許她的作品感染了村民，在村中許多彩繪、雕塑、石刻、圖騰都有山豬的身影，真的是各種姿態、各種顏色都有。

種有機茶已逾十年，小鳳堅持自然野放的農法，讓土地恢復大自然沉澱的地力，小鳳說她家茶園是可以「練膽」的，其中有蜂、蛙、蛇、蟲，量都很多，甚至百步毒蛇都會隱身在內，所以請族人採茶時，她特別重視安全防護，也因為生機盎然，意味這片土地生態已非常健康，茶樹也長得很好，根系下鑽地底，可吸收深層元素，增加茶樹生命力、抗病力、抗蟲性，在茶葉上展現更豐富的色香味多層次特性。

因為附近還是有些慣行茶園、菜園，為防止空飄汙染，小鳳種了不少咖啡樹當綠籬，但效果不明顯，後來再增種油茶樹、蘋果樹、柿子樹，形同以雜木林做為隔離帶，效果較具體。

種茶職人小絕活

在來吉部落，小鳳夫妻是最早種茶的鄒族人，一開始就走有機路線，但周遭汙染實在令人頭大，所以想到用綠籬方式隔開，小鳳說會選種咖啡，是咖啡為淺根性作物，能吸收表土養分及雜質元素，且不會破壞茶樹風味，至於種油茶樹，是因其根系較深，與咖啡形成階梯式吸納層，再加上果樹作調和式緩解地力，讓整條綠籬呈現上中下、前中後等層次分配，不但空飄汙染能有效吸除，連地下水、土地中其他汙染元素也會被阻隔，所以她的有機茶在MOA認證中可算是第一代有機茶農，早年收成還賣給陸羽茶藝公司，可見其有機品質。

開風氣之先　手作紅茶蔚為風潮

說起手作紅茶，小鳳略顯得色，她說早期茶園中只種青心烏龍，但其抗蟲性太差，常看到茶葉被咬得慘不忍睹，就算收成了也難以製出有賣相的烏龍茶、綠茶。後來有機會去魚池茶改場參觀，順便請教專家學到手作紅茶的竅門，回家後就試著以青心烏龍殘葉作作看，誰知在透過全發酵方式後再經手工揉捻，作出的紅茶風味奇佳，毫無蟲咬之影響，茶色帶琥珀加紅寶石的色澤，非常亮眼，且有優雅香氣，清而不膩，非常耐泡。

小鳳認為手作有機紅茶具有能久放的特性，因為自然茶只要乾透、炒過、脫水充分，至少半發酵，最好全發酵，就能耐泡、久放、不劣質化，目前茶園中有一部分大胖烏龍（即大葉烏龍），因為這個品種較能抗蟲、抗病、抗旱，生命力極強，且種植海拔高度分布較廣，葉片較大，賣相較好，但至今還無法作出自己的風味、手路紅茶。小鳳認為現下台灣茶市場紅茶雖躍為顯學，但茶農應作出具

▼來吉部落裡的彩色豬

▼阿里山來吉不舞的茶園中蟲咬的茶葉

有個人特色或各別地理、天候特性的紅茶，才能讓飲茶人留下印象，否則一窩蜂作出大同小異的紅茶，這個熱潮相信沒多久就會退燒了。

和諧待土地　山水自然定有回報

小鳳表示鄒族人一向不愛與人結怨，更何況與土地及大自然的關係，原住民很早就有種茶紀錄，而且不會噴農藥（早年根本沒有），但也從來沒用過「有機」來形容收成的茶。鄒族人認為，只要尊重大自然與土地，天神自會眷顧，所有的蟲害都是大自然生態循環的基本，鄒族人相信生物都有靈，植物、昆蟲都有某種情感表達方式，也都有特別的存活方式，人不應也不必粗暴的用外力介入，如果生物界受不了這種對待方式，他們會反彈、報復，最嚴重就是讓人能飽受大自然災害，土地、植物絲毫不幫人們遮擋。可是反過來說，如果善待身邊的土地、作物，大自然必有所感，必不會讓你的土地貧瘠，不會讓你的作物被蟲咬得無收，該沉積的養分自然沉積，該產生的害蟲天敵自會出現，人只要在旁做好「防範汙染」的工作，時候到了就辛勤播種、耕耘、管理、收成，小鳳說就是用這種方式看顧茶園，所以會有不少暇餘時間從事手工藝，也許這就是大自然的回報吧。

▼在神聖塔山照顧下，山豬茶園一眼望去還是野草蔓生、蜂蟲飛舞，一派有機氣象

種茶職人小檔案

茶農：不舞。阿古亞那（小鳳）

茶園：來吉小豬有機茶園

地址：嘉義縣阿里山鄉來吉村

TEL：05-2661804

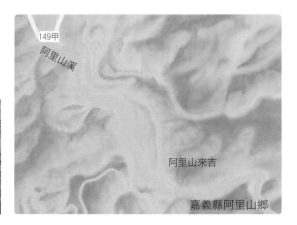

陸

尊重自然、知足常樂的

簡嘉文無名茶園

茶區：嘉義縣梅山鄉太和區
海拔：1450～1500公尺
茶種：青心烏龍、台灣山茶（六龜種）
產製：高山烏龍、大吉嶺紅茶

一個三十多歲、學企管的年輕人，多年前突然轉換跑道，由商轉農，也突然轉換場域，由都會換到鄉土，投入種茶這一行。一路走來，他「無為而治」式的農法創造了許多驚奇，他對農作物與大地的思維也讓許多人開了眼界，在嘉義梅山鄉太和村樟樹湖山坡上的野放茶園，簡嘉文在自己蓋的茶屋中，煮泡著自己種的茶，一臉安祥純樸，迎著夕陽山風，渾然與這片自然景觀融為一體。

從樹木茁壯　領受大地生命力

「我剛開始也是選擇有機耕作，但過程中難免會用到有機肥，不時須除草，但茶園土壤的地力不但未見提昇，反而需用更多肥料及更頻繁的除草，才能維持生長。」喜歡探尋事理的簡嘉文覺得這種作法是有問題的，但又不知怎麼作才是對的，於是他開始「實驗」，以「自然野放」方式讓茶園「自生自滅」，看看完全「無為而治」的作法會有何結果。

在這期間，簡嘉文看著茶園周邊的各種樹木，靈光一閃，他想：這些樹木都是沒人管、沒人顧的自然產物，一株株長得雄壯威武，這是什麼道理？他突然覺得似乎找到了自

▲簡嘉文茶屋旁的野放茶園與愛犬

己茶園的耕作之道，從自然法則下成長的作物，完全不作人為干預，這種「清靜無為」不正是大自然無時無刻展現的魔法，偏偏人不循此途，想用各種化學技術或人力作為提高產量，增加收益，殊不知「揠苗助長」這個典故正是天地草木啟示世人的警語，違逆自然、破壞自然的人必然自食惡果。

莫拉克風災　讓土地從零開始

除草不除根，見蟲不抓蟲，在簡嘉文的茶園中放眼望去看到野草與茶樹共生，蜜蜂與飛蟲共舞，對此自有一套見解，他認為有野草給蟲吃，茶樹就不易遭蟲害，在觀看蟲與蟲、蟲與茶葉互動過程中，他發現那些芽蟲、芽虱從來不趕盡殺絕，每次都會留下幾隻小蟲不除，而茶樹也不會被啃噬一葉不剩，久而久之，大自然會產生其天敵，形成一種環繞茶林、野草、土壤的食物鏈，既然有食物了，吃茶葉的蟲害反而減少了，簡嘉文笑說，他很希望有蜜蜂來採茶花的蜜、有蟲來啃嚙茶葉，縱使因此而少了收益、產量也沒關係，因為他覺得在觀看蜜蜂與飛蟲親近茶花、茶葉的過程，感受到的驚喜與新奇不是賣茶的收益能填補的。

如果產量收益沒把握，那生活沒影響嗎？簡嘉文對此一笑置之，他說整個茶園每次都收不到一百斤，而且從種、採、製、產、銷全都是靠自己一雙手，既無法量產也無法限時供應，所以目前都是賣熟客，國外也有茶商來訂，但僅能供應少量，因為其

▶茶園隨山坡陡升，是樟樹湖常見的採茶景象
◀樟樹湖附近慣行茶園仍占多數
◀◀野放茶園生機盎然

▲以自己雙手搭建的小木屋，外表一派野獸建築風格，屋內泡茶靜心，如此的山居歲月誰能不欽羨

成本都省了，所以賣茶的收益也還過得去。至於生活嘛，由於沒有什麼物欲，只要維持生活需求即可，太太在鄰鄉國小當幼保員，收入還可以。

茶園未冠名　因自然無以名之

茶屋內純樸雅致的木料手作擺設，一物一件都是簡嘉文撿來的廢木或村內整建老宅遺下的廢棄老傢俱，經他巧手拼裝成了一件件有形有款又有功能的實用物，他說也沒什麼啦，反正茶園有老天在顧，閒著也是閒著，就興起在茶園坡地邊蓋間茶屋的念頭，一開始也沒什麼概念，反正看到被遺棄的材料覺得有可能用得到的就撿回來，然後一根根、一片片釘啊接啊的，一年多下來就搭成了這間小小的茶屋。

看簡嘉文手上拿的茶葉包裝一片銀素毫無字樣，不禁好奇地問這是自己種的茶嗎？「對啊，這是純手作的，來，喝喝看」，那為什麼沒有茶園或茶葉的名稱包裝呢？他笑著抿了口茶說，我的茶園用的是「自然野放」農法，與有機不同，所以無法申請有機認證，但通

種茶職人小絕活

除茶園管理師法自然，簡嘉文在製茶這一塊也盡量順其自然。他說，既然是產製有機茶，就應完全回歸茶葉本原，茶樹就生長在山野中，相信古人在採摘茶葉前，一定會先摘幾片放在口中咀嚼品嚐汁液，這個作法應是最原始、最天然的「品茶」。後來才慢慢演進出各種製茶工序，各式各樣的茶葉製作形式如球形、半球形、條索形、碎形、展葉形等不一而足。

簡嘉文笑著拿兩片自製的茶葉說，我製茶從不追求制式成形，因為都是用親手揉捻，所以往往會揉出不規則外形，不球不條不碎，有點像書法中的草書一般，酣暢淋漓自然伸展，如此可讓葉片順勢順形自然接觸空氣、自然氧化，茶味在水沸騰之前就淡淡釋放，一經沖泡香氣流溢，看著茶葉在熱水中舒展、舞動，聞著茶香欣賞茶杯中金黃、輕翠的茶湯，簡嘉文有如在品鑑一種藝術品。

「沒錯，作茶其實就是一種藝術，何曾看過專事仿冒名家的工匠會成為名傳後世的大師？」他很嚴肅的說道。如果每一位茶農都願意放下嘗利之心，把茶當作藝術來成就，不刻意模仿既定成規、造型，那茶葉除了產地有別外，還會呈現多采多姿、百家爭鳴的熱鬧景況。大家爭奇鬥豔以作出展示個人特色、特形的茶為榮，如果真能做到，台灣茶消費者的天堂就近在眼前了。

此外，他還在茶園邊廣植一種台灣原生的植物，看樹上結的果實串串累累，有點像樹生的麥穗，簡嘉文說這種作物名叫「紅藜」，也是俗稱的藜麥，是一種生命力極強、產量穩定的作物，最早是台灣排灣族原住民種的，並且為其主食之一。

但因後來替代性糧食增加，藜麥在食物中扮演的角色漸漸淡化，最近幾年因世界各地都有糧食供不應求現象，聯合國糧農組織開始重視這種作物栽植，在非洲大量推廣，希望能有助解決當地饑饉問題，他覺得這種被推崇為「糧食中的紅寶石」、「貧窮民衆的糧食救星」的紅藜，既然是台灣原生種，我們就不應暴殄天物，甚至希望在廣泛種植、收成後，能用紅藜作出適合國人口味的糧食，為台灣消費者多增加一種食物來源及口味的選擇。

▼一杯好茶毋須過度人工介入

◀紅藜是當代救貧良物

▲茶屋是遠望雲山最佳位置，來到這裡就會不想離開

▲手工揉捻的紅茶，無名無俗，反而成為品牌

▲簡嘉文自有一套生命關

過ＭＯＡ美育及秀明農法的檢驗認證，品質沒問題，一樣能獲得消費者信心。再加上他不崇尚名牌，所以覺得自然成長出的茶不應被世俗之名所限，結果「無名」反而成了一種另類的品牌。

與茶園結合　盼推廣茶屋文化

從茶屋往遠山望去，簡嘉文說正前方就是塔山、阿里山，在塔山山腰邊還有一處山坳，形成一座天然觀音坐像，全太和村都視此為保護神像，而這個茶屋就是最佳觀賞地點及角度，可說是無心插柳。他認為，茶園景觀幾乎千篇一律，頂多加些應景的採茶人，真是可惜了，若在各個茶園邊能增添幾座樸質的茶屋，讓人來茶園時不再那麼市儈，不再那麼追求市場所趨，而是靜靜地喝著當地茶園所產的茶，享受那份生活意涵，感受大自然的生命力，感恩大自然無私的供給，沐浴在山風煦光中，人生若此夫復何求啊！

▲茶室對面的雲山中有佛現蹤

種茶職人小檔案

茶農：簡嘉文
茶園：「無名茶園」
地址：嘉義縣梅山鄉太和村樟樹湖
電話：0972-600696

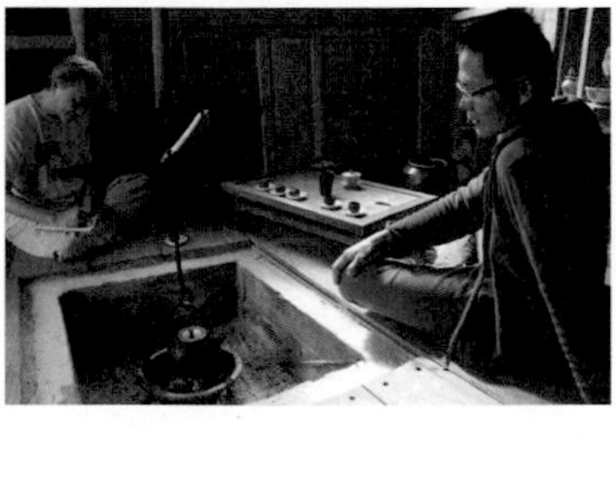

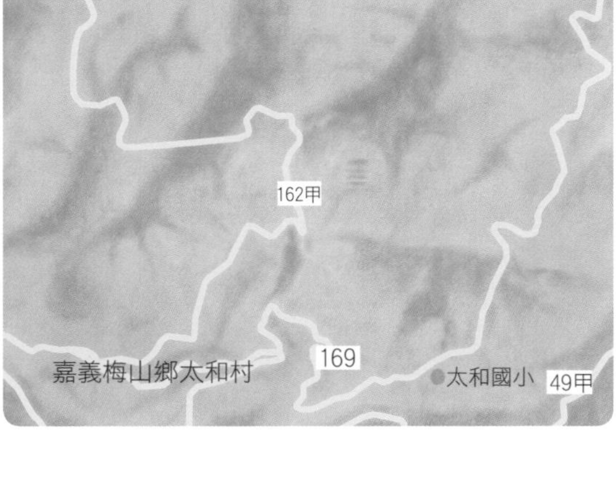

柒 土地輕鬆人自在的一品茶園

茶區：嘉義梅山鄉瑞里村
海拔：1100～1200公尺
品種：小葉種青心烏龍
產製：小葉種手作紅茶

「我們家的『天兵茶農』種有機茶竟然還能拿到特等獎，真是不容易」，邱宏仁的媽媽一臉滿足的看著他邊笑邊說著，「長輩們都不贊成宏仁去搞有機，產量少，成本高，費工費事賣相又差，我們家幾代都種茶，大家都知道農藥、除草劑有毒，對人體不好，所以現在幾乎是零施藥、零化肥，誰知宏仁這孩子，退伍後沒多久就回來說要種茶，也好，家中茶園不少，就給他一分地試種看看，誰知打一開始他就說要種有機茶，什麼不施藥、不除蟲、不用化肥，我看他根本是為自己懶找理由。」

天兵茶農　從無到有

邱宏仁是嘉義梅山鄉瑞里村一品茶園的少東，七十一年次的他本身學的是機械，退伍後曾在阿里山山下工作，覺得沒什麼發展，於是返鄉說要種茶，「從小我就在茶園長大，只要走進茶園，就覺得很熟悉、親切，雖然從未種過茶，但看多了，多少有些概念，不懂就問嘛，反正家中行家不少，像我媽就是瑞里有名的焙茶師，雖然我說要種有機，長輩們多不看好，但因為我有過敏體質，從小對農藥就很反感，所以我堅持我的茶園不能看到、聞到農藥、化肥」，就這樣，在家族中遇到不小阻力的宏仁悶著頭自顧自地專心照看那一

▲一品茶園年輕有想法的少東邱宏仁

分「有機茶園」。

這一路走來，有機茶園成長過程中最令宏仁印象深刻的就是茶葉的病害，宏仁回憶在開始沒多久就發現一種叫「枝枯病」的病害蔓延的很快，這種病是在取苗時所帶的病源，或者是修剪時器具感染所致，而且這種病害是無藥可醫的，因為是從苗就壞了，所以必須整株拔掉，更特別的，還要多拔幾株感染區周邊的未發病茶樹當防火牆，以免整片都毀了。

順其自然　以草制蟲

宏仁帶我們去看他辛勤耕耘了四、五年的「一分有機茶園」，滿目都是雜草，處於半荒廢狀態，宏仁說因

經常起霧的阿里山茶區滿山遍野都是茶園

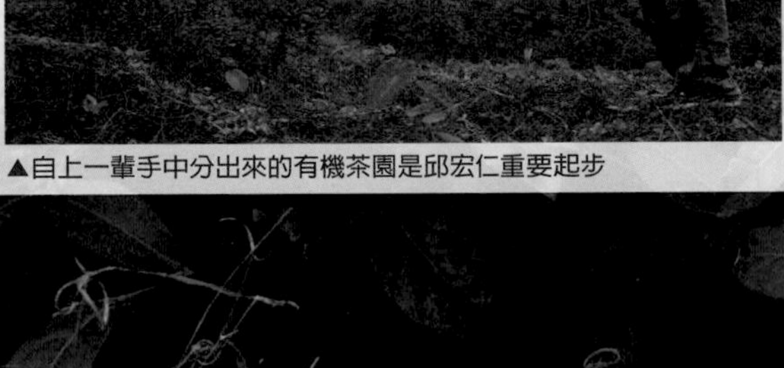

▲自上一輩手中分出來的有機茶園是邱宏仁重要起步

為這一分地種出的小葉種茶葉製成紅茶後參加競賽還能奪特等獎，所以他很珍惜這塊茶園的地力，今年就想讓土地好好休息，擺一年讓草滋生，讓蟲孳長，回復自然，希望能增加螢火蟲的量，他認為有草可以分散蟲

▲有機茶葉肥厚翠綠
▲▲嚴重的病蟲害是一大困擾
◀有機茶園強調自然野放不過度人工介入

害，如果螢火蟲多了，意味這塊地的生態環境是非常自然的，到時候再復種有機茶。

那這一年就沒有茶收成了嗎？宏仁笑著說，待會我帶你們去山對面，那有祖傳的五分坡地，我已接手種有機茶了。

坐在宏仁的吉普車上，彎彎曲曲上上下下的沿著山路開到一處名為「交力坪車站」的地方，再順著旁邊斜坡駛上一段山路後，看到滿眼都是一片片茶園布滿整個山坡，宏仁說要認他的有機茶園很容易，只要看哪片茶園雜草叢生就是了，經他指點，果然不遠處看到一大片斜坡茶、草長得亂七八糟，宏仁有點無奈地說，其實整座坡地只有他這五分地是有機，其他都是用慣行，多少都有農藥、化肥汙染，所以他的有機茶園在與其他茶園接壤處，會種整排、永不採收的茶樹，甚至讓雜草在旁生長，希望能起隔離作用，尤其是有機認證檢驗時，更怕慣行茶農正在噴藥。

交力坪車站

交力坪車站是阿里山森林鐵路其中一站，海拔九九七公尺，約是阿里山線一半長度，「交力」是嘉義上山、阿里山下山列車交會的站場，過往搭乘小火車的遊客若要轉往瑞里風景區，也會在此處接送，阿里山公路開通後，已少有人在此站下車，如今山城繁華過後只剩下寧靜。

種茶職人小絕活

邱宏仁認為，土地一定是需要休息，才能恢復地力，讓作物長得好也能長久，所以就算是種有機茶，他也會隔個四、五個月就讓土地休養生息一年，以免土地「過勞死」。在交力坪山上的有機茶園坡地，因為周邊都是慣行茶園，邱宏仁規畫每二、三年就輪流讓茶園休息一年，他說方法是盡力做了，但誰能百分百保證慣行農法的汙染不會滲透過來呢？所以「讓土地休息」是邱宏仁的小撇步。

採訪前尚未通車的交力坪車站霧景

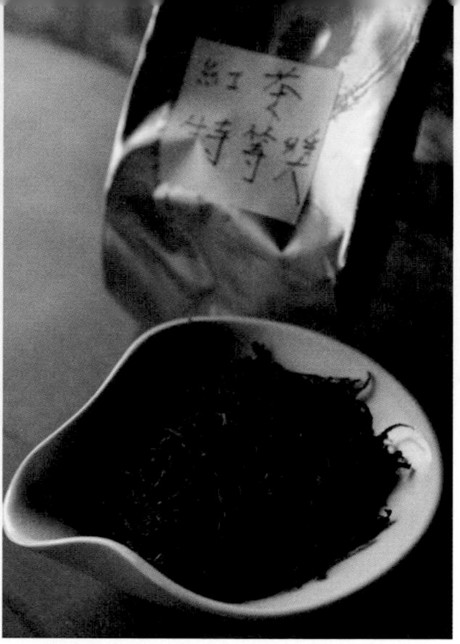

▲2013年比賽，邱宏仁與媽媽聯手拿下製茶大獎　▲特級獎紅茶

本利相比　還是有賺

離開海拔一二〇〇公尺、雲霧繚繞的茶園，宏仁對我們的疑問給了一個明確的答案，「種有機茶的確很累，過程中雖不施藥、澆化肥，但是還是有必要找人來拔草，收成時也需要採茶師，製茶時對機器的純淨要求特別嚴，這些都比慣行茶花的成本高，所以有機茶價位並不低，一年最多收成三次，但量都不大且不穩定，還好有固定客面，銷路還算穩定，大陸客是不會買台灣有機茶的，因為他們胃口大、需求量大，我們的產能不可能滿足他們，再者陸客都喜歡壓價，若是銷量大還說得過去，我們的產量就這麼多，價格一壓，就不敷成本了，所以陸客大多是買慣行茶。」

頂著「冠軍有機茶」光環的宏仁並未因此露出自滿或驕傲的神情，他覺得茶比賽是年年都有，某年拿到獎並不表示你年年都能拿獎，而且茶的生產過程多少還是看老天臉色，所以得獎只是一時的，堅定的走有機這條路才是永遠的。對有機茶抱持什　願景呢？他說他希望能成立一間專製有機茶的茶坊，為有機茶的客戶打造一個無汙染的製茶環境，製出具有自己特色、風味的「師傅級有機茶」。

▲對面慣行茶園轉型陣痛，邱宏仁用心盡力克服

種茶職人小檔案

茶農：邱宏仁
茶園：一品茶園
地址：嘉義縣梅山鄉瑞里村102-2號
TEL：05-2501559；0932-713419

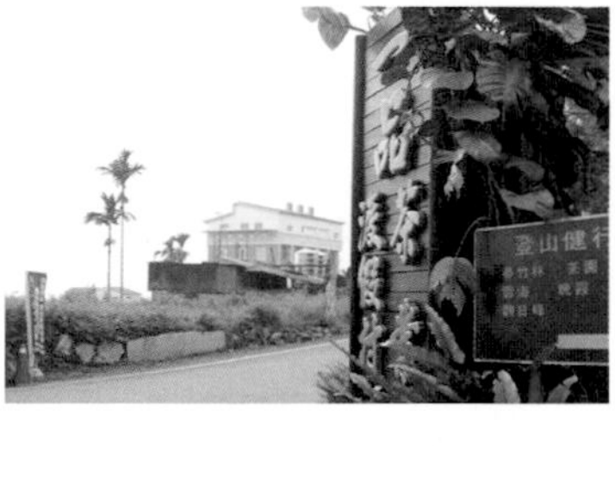

捌 幫金萱擦亮招牌的

游芭絲茶園

茶區：嘉義阿里山鄉山美村
海拔：950～1000公尺
品種：金萱
產製：留香紅茶、蜜香紅茶、紅香紅茶

在阿里山公路五十公里處彎進嘉一二九縣道，看到指標往山美、達娜伊谷，沒錯，游芭絲茶園男主人邱廷亮指示的很清楚，再沿著路前行約二・五公里，右手邊就看到一間裝飾得滿有「原味」的風味餐廳，就是游芭絲，奇怪，這是用餐的地方，旁邊沒看到任何茶園，莫非「游芭絲」茶園不在這？邱廷亮回應了我們的疑惑，他說「游芭絲」是餐廳名也是茶園名，茶園的位置其實你們已經過了，就在之前約一百公尺的左邊小坡上。

當鄒族女婿　沒想像中容易

本是竹東客家人的邱廷亮現年三十八歲，大學讀的是逢甲環境工程，後再攻讀台中師範環境研究所，有一年來達娜伊谷做護漁景觀觀光標牌考察驗證時，結識了在達娜伊谷工作的鄒族美女莊嘉萍，廷亮回想當時的達娜伊谷真是「山美人漂亮」，且因本身念的是環工，所以一方面追求老婆，一方面將所學貢獻給山美村，並考了國小師資，原想萬事妥當，誰知鄒族的一項規矩，差點讓他吃不了兜著走。

鄒族傳統規範，男方婚前必須先進入女方家中幫忙、做長工，融入女方家人及工作勞務中，且在獲得女方家長首肯後才得論婚嫁，原本莊嘉萍在達娜伊谷前開一間咖啡屋，廷

▲鄒族女婿邱廷亮

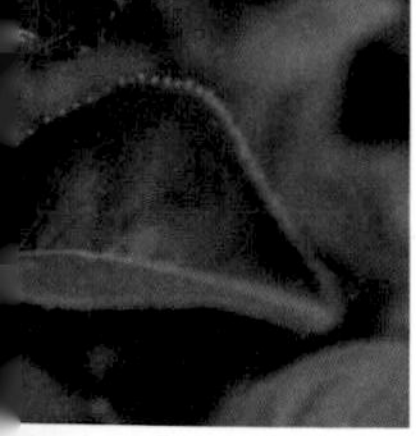

亮就在店中幫忙、打雜，這樣也算幫作勞務，終於如願娶得美人歸，但廷亮著實喜歡山美的自然景觀，決定留在原鄉部落打拼。

岳家的茶園占地五分，其家族都不太管，長久以來都是請原住民噴藥施肥，因種植、採收、產製都是請鄒族人處理，所以標榜的是「純原住民茶」，倒也吸引了一些人好奇採購，直到十年前廷亮來山美之後，建議將慣行農法改為自然農法，以保留茶園地力及生態環境，岳父想反正本來就沒什麼操心，乾脆讓女婿去操持茶園吧，於是廷亮就有了一片可暢行環境保育理念的空間。

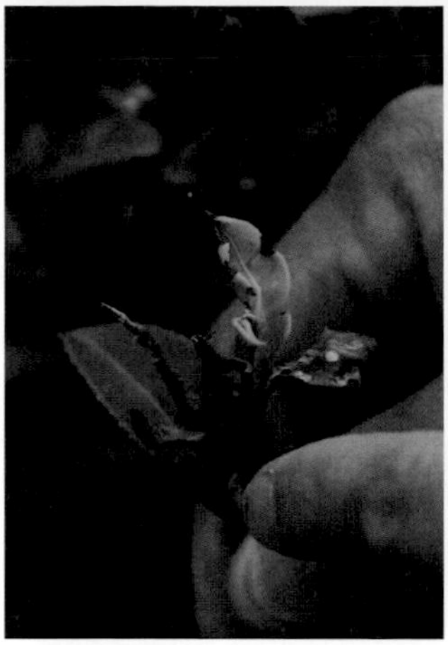

▲被蟲咬過的茶葉
▶邱廷亮管理岳父家族「純原住民茶」之茶園

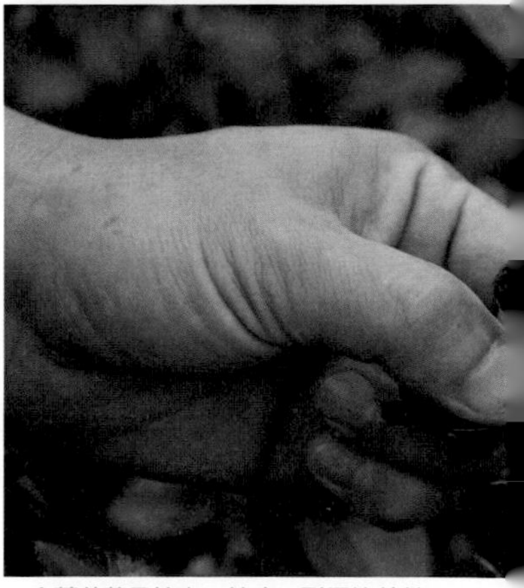

▲金萱茶葉具抗蟲、抗病、耐旱等特性

當知識茶農　多問多聽多學

岳父茶園中原本種金萱，廷亮接手後還是繼續種，廷亮說在民國七十六到八十六年間，金萱曾領一時風騷，島內興起一股金萱茶熱潮，但在高山茶、烏龍茶興盛後，不少金萱茶農也刻意將金萱製成金萱烏龍，如此反而破壞了金萱天然的香氣，變成畫虎不成反類犬，當然就走下坡了。

廷亮認為，金萱具有野性大、生命力強、抗蟲抗病耐旱等特性，所以金萱用自然農法是極合適的，他把整片茶園矮化深剪，讓茶樹與雜草共生，等其根部深植，老師說茶根越深越抗病，越能吸收土壤中豐富的微量元素，雜草要適當剪除，但一定要留十公分的根部，只要不讓草遮住茶株的日照，便於採摘即可。

製作有機茶　要隨自然節奏

在廷亮的照料下，五分地茶園一年可收四次，最多每次一百五十斤，總

◀▼茶園井然有序，蟲咬多見

▼▼游芭絲包裝純樸俏麗，有原民風

共可收五百斤，大約是六月採嫩芽，八月採茶心，入晚秋後為枯水季，所以十一月底採早冬茶，隔年清明前再採春茶，大多是請原民或外配採茶工，一天工資一千五百到二千八百元不等，視其手巧、快捷程度而定，採一心兩葉為主，如一心一葉就必須採嫩芽，廷亮說整個山美茶區的有機茶，大致以秋末冬初為主要採季，因為這時節蟲害已近尾聲，採摘時易分辨蟲咬特性，如被小綠葉蟬咬過的葉多呈蜷曲狀，但其甜度豐高，富焦糖味，口感極具包覆性，廷亮指蟲在夏天吸的多為草汁、冬天時蟲吸的是茶汁，所以冬初採摘被蟲咬過的茶葉，做蜜香茶最合宜了。

採收後，廷亮會租製茶坊製茶，可要求師傅製成蜜味、果香等紅茶，廷亮認為，製茶學問很大，他只知道不能沒有手感、要用嗅覺製茶，從最講究功夫的炒青到打布球、揉捻、烘焙乾燥等過程，都需要老師傅經手，尤其有機茶不能用烘焙機，只能用籠

種茶職人小絕活

邱廷亮茶園在一獨立丘坡上，旁為紅肉李果園，也是自然野放農法，故無汙染之虞，但廷亮為確保無空飄汙染問題，在茶園邊種整排的五節芒雜木林，其旁再併種整排永不採摘的金萱茶樹，這些都已超過兩公尺高的綠籬起了具體隔離、吸附作用，而游芭絲茶園在廷亮悉心照料下，外觀看上去以為是慣行茶園，不時看到蜜蜂、蝴蝶、小瓢蟲飛舞，這應是整個阿里山區最不像有機茶園的自然茶園了。

裝炭焙，若可焙到每片茶葉含水量不超過百分之二，就可長放不走味。

在游芭絲店中可看到陳列三種紅茶，分別是蜜香紅茶、留香紅茶、紅香紅茶。邱廷亮說在製茶時就會交代師傅製作，因為有機茶不能和高山茶比茶湯色，不能和慣行茶比濃香（尤其是香精製成的化肥），但金萱本就有特色風味，春天富含花香、蜜香，夏季時有日照風味，秋天會有陣陣山頭風土韻味，冬季時的果香滑潤感十足，所以他的留香紅茶類似傳統高山茶製法，做成半球形，而蜜香茶也是揉成半球狀，但不成形，也不像條索狀，紅香茶就是手作條索紅茶，只要初揉即可相當耐泡，廷亮說坊間的碎形紅茶多不耐泡，但出味快、易飄香，所以

很多人以為紅茶就要做成碎碎的。

原住民茶園銷售是大問題

因為慣行茶量大，製茶季也密集，所以製作有機茶的時段一定要避開，大概在清明前一定要製妥，否則清明後不但製茶坊被慣行茶包了，而且也會讓有機茶滋生不必要的汙染。廷亮回想他是民國九十年來山美定居，隔年接手茶園，但因要讓土地淨化，所以休養三、四年，直到土質汰換到符合有機標準後才種金萱，民國九十三年游芭絲風味餐廳開張，他邊顧店邊顧茶園，每周還到附近小學固定代課三天，七、八年來日子也算過得緊湊充實，大約在九十六年才採到

▲游芭絲店中可看到陳列的野放茶
▶游芭絲蜜香紅茶
▼游芭絲餐廳外兼賣蔬果

親手照看的第一批茶，不過直到民國九十九年茶園土質才全面穩定，產出的茶葉也經得起檢驗，到民國一〇〇年申請獲得有機認證。

原住民茶園有好幾處，但原住民經營的製茶坊卻是零，平地人會上山開製茶坊，也會聘請原住民老製茶師，但是原住民缺乏專屬通路、門市，必須依附在平地人店中陳列，賣茶利潤要經過好幾手，原民茶農可說入不敷出。所以近年來，不少原住民打退堂鼓，將茶園改種其他經濟作物。

邱廷亮說「游芭絲」在鄒族語中雖是「賺錢」的意思，其實不是一般理解的要賺大錢、賺非分之財，而是一種本分的期盼付出與回收能對等，小賺一點讓生活無虞即可，他會選擇走上有機茶這條路也是本於此念，希望在大自然面前，人們能謙卑的扮演好本分的角色，不忮不貪，不過分不破壞，與大自然和諧相處、和平共存，賺到生活所需就夠了，不追求量產、不眼紅訂單，在天地草木間做一個謙卑、知足、快樂的自然有機茶農。

▲游芭絲餐廳引進當地原民食材

▲茶園涼亭目標明顯

種茶職人小檔案

茶農：邱廷亮

茶園：游芭絲自然有機茶園

地址：嘉義阿里山鄉山美村1鄰（札札亞）1之8號

TEL：0928-222583、0975-369506

玖

低緯度、低海拔的

澄舍有機奇蹟

茶區：高雄市大樹區龍目段山坡
海拔：250公尺
茶種：青心烏龍、金萱、翠玉
產製：烏龍茶、紅茶

南台灣的烈日驕陽，毫不留情的將陽光灑在這一大片茶園上，從茶園邊的畦道阡陌望過去，只見一位穿著雨鞋，戴著簡單運動帽的茶農，正在他的茶園內忙碌著。奇怪的是，沿路所見，別的茶農工作時大多是背著噴藥器邊走邊噴，而這位卻是開著小山貓堆土機，忽前忽後的工作著。

低緯度種茶　全能的挑戰

李奉文，台灣少數在低緯度經營生產的有機茶農，他在高雄市大樹區的這一片茶園坡地，是繼承祖產接手經營的。「澄舍有機（轉型期）茶園」是他給自家茶園取的名字，他說取這名字是有些涵義，因為大樹是有名的水果產區，如棗子、芭樂等，所以大樹常被冠稱「綠色果鄉」，而今他生產的有機茶，沖泡後會呈現一杯杯亮澄澄的色澤，為了區隔綠色水果，特意用「澄」這個顏色為名，讓外界認識大樹除了綠色水果外，還有讓人印象深刻的「澄舍」有機茶。

▲李奉文努力營造有機環境的澄舍茶園

▲澄舍有機（轉型期）茶園間作玉米

茶商變茶農　訣竅自己找

原本在南投杉林溪當一位買收茶菁的茶商，多年下來，發現茶菁的品質良窳不定，而且價格隨人喊，生意愈來愈難做。後來看到台灣很多茶農搶進越南種茶，甚至還回銷台灣，李奉文就想，如果越南能種茶，那麼老家大樹那種低緯度區域為何不能種？就憑著一股不信邪、不服輸的牛勁，李奉文就返鄉接手了祖產農田，開始了從茶商轉型為茶農的變身計畫。因為長年收茶菁，深深瞭解化肥、農藥施作後的茶葉對人體健康有很多負面的影響，李奉文決定經營不用化肥、農藥的有機茶園。五年級前段班的他擁有別的茶農沒有的優勢，他打字非常快，於是上網找資料速度也快，許多種植有機茶的竅門，都是從網路上學的，舉凡農委會、茶改場、農試所、研究案報告等等，都被李奉文當成免費的資訊來源，當他認為學到了大部分須知後，就開始「知行合一」了。

開堆土機　自製堆肥

從南投名間買進茶種，松柏嶺的茶在台灣是極

▼「山貓」推土機正進行茶園堆肥
▼▼澄舍茶園的茶葉

富盛名的，包括烏龍、金萱、翠玉都是李奉文引進南台灣的茶種。因為要有機，所以種植過程只能施作有機肥，李奉文從網路上得知，生肥因為未分解，容易孳生燥熱，非常傷作物及地力，所以不能用。他選擇採用「自製堆肥」，雖然過程較辛苦，但因肥料是自製的，所以品質不用擔心，而且以前沉積在土壤中不好的成分，會慢慢的分解釋出，久而久之，會變成真正的有機農地。

李奉文指出，自製堆肥的成分比化肥高，但有機施作的茶園收成遠比化肥園少，大概少一半左右，而且在低緯度地區種植有機茶，大約五十二天才能有收成，比一般高山茶（四十八天）還久，但因有機肥中含氮、磷等元素，養分充足，微量元素豐富，

栽茶職人小絕活

在有機栽植過程中，李奉文採用「自製堆肥」方式，為茶園土壤改善土質、增添養分，不過他透露，不是所有動物的糞肥都能用來堆肥，他只用牛糞來作，因為牛是草食性動物，且牛有四個胃，在大量嚼食草料後，經過四個胃分解，牠的牛糞已變成天然綠肥的成分，而且因牛不吃葷，其糞便不會含有肉食性動物常見的重金屬成分，諸如豬糞、雞屎因其飼料或自行採食的生物，都會造成其糞液含有銅、鋅等重金屬，如用這種東西作堆肥，這些成分只會在土壤中沉澱堆積，最後被茶樹根系吸收，對茶葉就大事不妙了，而牛糞當堆肥不但沒有這些問題，還含帶大量的氮素，對活化土層非常有效，其他的豐富微量元素，因在牛胃中經適度的分解消化，用作堆肥過程更易在土壤中釋出，大量增加地力，所以他雖然在南台灣低緯度坡區開闢有機茶，種出的茶風味口感和中高緯度、中高海拔茶區的茶葉相比，李奉文覺得「有拚」呢！

產出的茶葉片較厚，絕對無蟲，而且茶園土壤因有機肥而產生團粒化，易致土壤膨鬆、養分能夠充分交流，對地力有益無害。如用化肥施作，茶的收成只要等四十二天，但因化肥會導致土壤酸化、硬化，如果要維持地力、生產力，只能一次比一次加重化肥用量，如此不啻「飲鴆止渴」、「竭澤而漁」，總有一天會讓你自食其果。

製茶不重「萎凋」　自然發酵最好

李奉文自己蓋的製茶間二十四小時都開著空調，一層層的竹編茶盤堆滿整個車間。他說大樹茶因日照足，所以採收後必須給予涼爽舒適的環境讓它降溫，而且空氣要乾才能吸收葉中水氣，他認為一般製茶過程中的「萎凋」並非必要程序，只要營造出適合茶種茶葉發酵的環境，讓茶葉的味與香自然流露出來即可。在李奉文眼中，「有機、自然發酵就是好茶」。

雖然李奉文算是中年以後才一腳跨進有機茶這個領域，但在茶市場打滾多年的他，深知「謀定後動」的道理，收集好相關的知識、常識才付諸行動，所以在李奉文口中的「有機茶經」，聽起來是那麼地頭頭是道、有條有理、有憑有據，也因此在他的臉上及肢體語言可看到相當地自信，對他的有機茶產品也是十分地自豪。他堅定的相信：台灣茶要永續生產、經營，一定要走有機茶這條路。

▲對南部茶深具信心、樂觀的李奉文

▲李太太正在製茶

▼李奉文租下另一片地，嘗試不同茶種栽培

種茶職人小檔案

茶農：李奉文

茶園：澄舍有機（轉型期）茶園
（MOA美育基金會認證）

地址：高雄市大樹區龍目路159-15號

Tel：07-6522143；0931-811852

澄舍茶園的茶葉

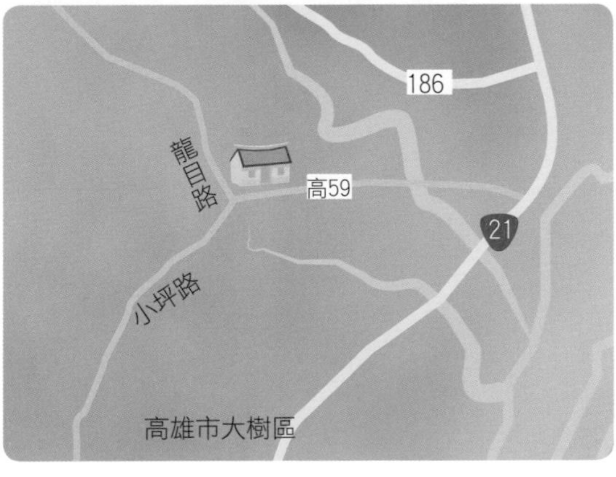

喫茶

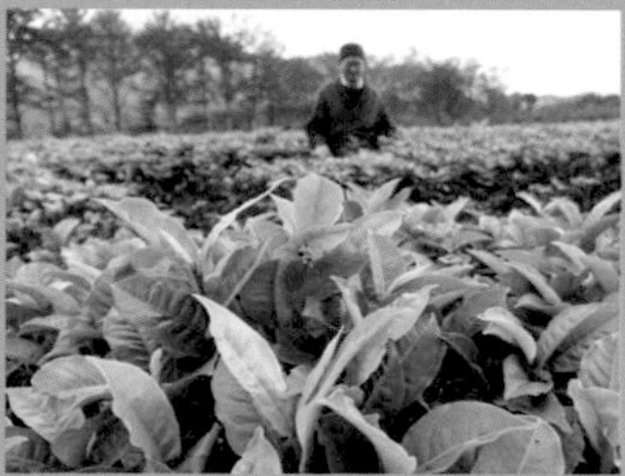

台灣有機茶區——東部

［台東、花蓮茶區］

要做就要做好的台東鹿野連記茶園

作有機當行善的觀心農場

東岸茶農亦師亦友的茶改場台東分場

充滿驚喜的阿榮自然茶園

做好茶賣好客的大峰茶園

阿古師茶園的奇異恩典

福地福人居的富源茶園

壹

要做就要做好的

台東鹿野連記茶園

茶區：台東縣鹿野鄉永安村
海拔：550～600公尺
品種：青心烏龍、金萱
（有機轉型認證合格）
產製：紅烏龍、佛手、鐵觀音、
武夷、烏龍

「如果沒有台東茶改分場吳舜聲場長的研發，紅烏龍茶不可能問世，若台東至今仍沒有紅烏龍茶的話，台東的茶產業會走得更艱辛。」連記茶園負責人連婀娜小姐用她那一口字正腔圓的國語，三言兩語就把台東茶業的現況及發展過程扼要說明。

台北姑娘　隨夫遷回台東

曾經在台北陸羽茶藝學習茶道的連婀娜，雖已逾「耳順」之齡，但也許長年住在台東鹿野高台地區，且日常均與茶葉、茶園為伍，外觀上只覺得年約五十上下，連婀娜說她民國六十三年結婚，婚後夫妻均在台北工作，那時壓根沒想過會遠離都會移居台東，更沒想過要換跑道務農。先生老家在南投名間松柏嶺，出生後不久就隨父移居台東鹿野，家中早年種鳳梨並未種茶，那時東岸只要遇到天災，對外道路皆滿目瘡痍，貨物運輸就會很困難，鳳梨是水果，保存不易，一年總是會碰上兩三次類似災損，先生家中苦不堪言，幸好公公有一親戚在天仁茗茶工作，公公就邊看邊學，從一竅不通到種、採、製、銷一把罩，

▲連記茶園主人連婀娜隨老公移居台東

慢慢地，先生家中的田地都改種茶了，那時都是慣行，以批發生意為主，先生耳濡目染，對茶產業並不陌生。

公公晚年安排幾個兒子分家產繼承，在台北電器公司工作的先生也不得不回東部接手家業，連婀娜回想剛來鹿野時的心情，真的有點「從絢爛歸於平淡」的感覺，那時（民國八十年左右）鹿野景觀非常鄉村，茶園處處，觸目都是農屋農舍，有間兩層洋樓就很起眼了，還好空氣清新、環境整潔，而且曾學過茶道，心理上沒那麼排斥茶園生活。

接手不久　夫竟罹癌往生

至今連婀娜還在疑惑，先生身體本無異樣，為何接手家中茶園管理不久，就罹患膀胱癌往生，雖找不到確切答案，但接管茶園後，就很明確的知道，慣行茶園不是她要的。所學的茶藝、茶道告訴她，茶是優雅、精緻、健康的飲品，不能為了追求利潤而扭曲茶葉本質。於是，她在二十年前接手就暗中規劃將手上的兩片茶園陸續轉型為有機茶園。

轉型過程並不順利，首先有一片茶園周邊都是慣行園，耕作有機難度太高，只好放棄，而另一片七、八分地茶園面積較小，一邊為樹林一邊為溝渠駁坎，雖另兩邊仍有慣行茶園，相較之下轉型可能性較大。實地操作、檢測後，連婀娜發現這片茶園土壤、水質、重金屬成分在多年慣行農法「灌溉」下，要回復自然狀態，那可是一大工程。不過，連婀娜不死心，決定「要做就要做到好」，因為公公家茶園原名「永芳茶園」，為區隔品牌與品質，就改名為「連記茶園」。然後為了落實「有機夢」，她讓那片茶園完全自然野放，旨在調節土地養分，直到七、八年前，通過U.C.S.認證，進入「有機轉型階段」，如果順利的話，在民國一〇四年前應可獲得有機茶認證。

▶連家人整理出的社區綠蔭
▼有機轉型期的連記茶園，戶外陽光充足

種茶職人小絕活

連小姐對什麼茶葉做什麼茶有一套心得，她認為採茶時就要幫製茶分類，若蟲咬得兇的葉子，就適合作蜜香紅茶，如果蟲咬得少的葉片，就採集作青心烏龍茶、金萱茶，而蟲咬得不多也不少的，就值得拿來作紅烏龍茶。連小姐強調，紅烏龍茶不是紅茶，只是運用紅茶的製作步驟結合烏龍製作技法的成品，它喝起來有點果酸味，是因發酵的效果，也有點甜味，是被小綠葉蟬咬過的殘留味道，茶湯呈琥珀色，晶瑩剔透，且因發酵重、工序長，茶湯喝起來很順，茶水味與茶香會有區隔，具有去油顧胃雙重特性。

紅烏龍茶

做紅烏龍　讓東部茶翻身

在東部種茶的大多是西岸來的移民，連婀娜說在「八七水災」過後，不少西岸的閩南人、客家人受災嚴重，家園全毀，不得已而舉家翻山越嶺到東部墾荒重建家園，東岸的茶產業差不多在那個年代（民國五十年代左右）播下種子。而鹿野高台區就是台東茶的發源地，不論是永安村、龍田村、馬背村都有許多茶園，那時因種植、管理、製作等技術還在發展初期，雖產量大但價值低，倒也吸引不少茶商樂於低價嚐鮮搶購，由於成本低，採購後可與其他高價茶混包，獲利不少。

那個年代，鹿野茶農處處，聞名的「福鹿茶」也曾傳銷一時，但好景不常，越南茶進口後，價位比東部茶更低，福鹿茶優勢不再，整個東岸茶產業幾乎被打趴，許多茶

附近鹿野高台神光

農因而改種水果作物如鳳梨、釋迦、枇杷等。直到九十七年，台東茶改分場吳舜聲場長研發出「以烏龍茶技法結合紅茶製作步驟」的茶產品。吳場長是看到東岸茶市場萎縮，而夏秋兩季茶園產量極大，但都剪除不作茶十分可惜，於是以特殊的發酵法製作試驗，過程中，連婀娜因本身非常喜歡重發酵茶及老茶，經常手作佛手、武夷、鐵觀音等特味香發酵茶，吳場長也曾品嚐過，所以在研製紅烏龍期間，兩人產學合作終於製成「具烏龍香氣、呈紅茶色澤」的紅烏龍茶。

烘焙炒茶　連記名聲在外

紅烏龍推出後，鹿野許多茶農都心存觀望，認為要把茶葉作出紅茶色與味並不難，也有茶農試作，但形似實不至，因為吳場長與連婀娜的製茶特殊技法別人學不來，也

◀鹿野高台已是知名觀光景點
◀▼土地公廟旁的連記茶園
▼連記茶園的紅烏龍茶葉伴手禮

因此連記茶園成了紅烏龍的創始店，連婀娜曾與茶改場合作去台北世貿展推廣，不少茶商與顧客對此種有紅茶色、味的非紅茶很感興趣，也因此開拓了不少商機，連記茶園還在一〇二年榮獲台東年度特色茶競賽紅烏龍茶組評鑑金牌獎，連記茶園的紅烏龍茶禮盒也曾獲世貿青睞，選為貴賓伴手禮。

她認為，茶是有感覺的植物，若對茶樹好，茶葉就會有感覺，並表現給你看，如果你種的土地不對，茶也會讓你知道。當茶採回一定會經過日光萎凋、炒鍋定型、浪茶、烘焙等階段，這些過程就看負責經手的人之心情了，若心情愉快，手道、手路就會柔順，茶菁不易折損傷斷，如果情緒不佳，手上力道自然僵硬，茶菁恐難保全。

至於烘焙，連婀娜覺得製茶過程作不好，不可能透過烘焙補足，如果炒茶溫度不夠，倒可用烘焙補強，此外，若遇雨天濕度大，不能光依賴烘焙來讓茶葉走水乾燥。連婀娜指出，烘焙是製茶過程中不可免的一環，時間長短會顯出不同的烘焙成果，像紅烏龍就要經過二十多個小時的多次烘焙。而炒茶也是製茶過程中讓茶葉走水、乾燥不可或缺的一環，連婀娜回想以前做慣行時，炒茶大鍋高溫達三百度，蒸出來的濃烈農藥、化肥氣味撲鼻而來，恐怕沒有幾個人受得了，對身體很不好，而轉為有機過程中，明顯感到炒茶氣味的轉變，有種越炒越輕鬆的感覺。

接手連記二十多年下來，連婀娜的製茶技法在鹿野高台地區頗有名聲，而其在陸羽學到的茶藝、茶道也在鹿野地區起了一定

福德祠

▲連記茶莊典雅麗緻

的「典範」作用，讓位處偏遠東部的鹿野茶區慢慢地滋生出茶藝文化的種苗。而今，連記又開先河研製出一種紅烏龍加咖啡的飲品：相映紅，是連婀娜以紅烏龍與進口有機咖啡混搭而成，在請教茶改場專家後，調出適合的茶葉與咖啡比例，讓茶鹼與咖啡因含量合宜搭配，減少對身體健康的影響，她說相映紅可分三泡，第一泡咖啡味會先釋出，飲者會以為在喝咖啡，第二泡則是茶味洋溢，既有烏龍香又有紅茶味，咖啡味被完美覆蓋，到了第三泡，則喝到茶與咖啡的精采融合，入口風味十分特別，巧妙地將東方西方兩大世界級飲品原料化敵為友、融為一體，也許這款飲品在李白「唯有飲者留其名」的美酒之後，會成為另一款被飲者留名的特殊美飲。

▼新開發的「相映紅」茶系列

▲在鹿野高台頗富盛名的連記茶莊

種茶職人小檔案

茶農：連婀娜

茶園：台東鹿野連記茶園（有機轉型）

地址：台東縣鹿野鄉永安村高台路100號

TEL：089-550808

手機：0937-600168

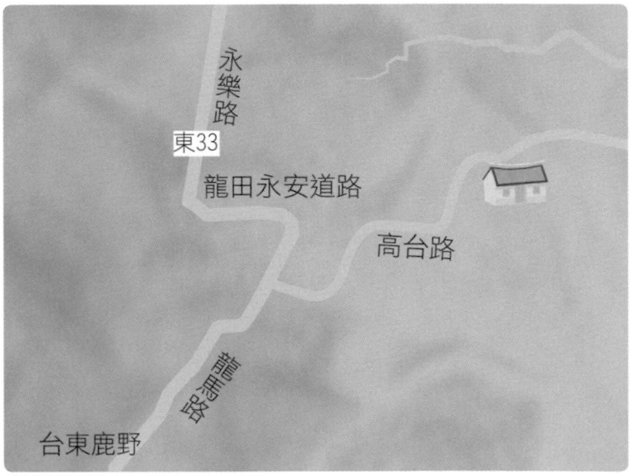

貳 作有機當行善的

觀心農場

茶區：台東縣鹿野村永安村
海拔：300公尺
品種：青心烏龍、金萱、杭菊
產製：紅烏龍、蜜香紅茶、綠茶、菊花茶

台東鹿野茶區第一家有機茶園，在民國八十五年就落實有機農法，不噴藥、不施肥、不用除草劑，也是台東地區最早獲得MOA（美育）、慈心等單位認證的有機茶園，觀心農場負責人蘇榮得對這一段開風氣之先的光榮似乎並未放在心上，它說會踏入有機這一領域，純粹是覺得噴藥、施化肥等作業對身體很不好，而且很花錢，而有機農法真的比較省錢，而且走進茶園毫無心理壓力，家人、小孩都很樂意親近，一舉多得何樂不為！

不追求產量為有機心法

回想十八年前毅然從慣行轉型為有機時，收益銳減剩不到三分之一，親友冷嘲熱諷好一陣子，因為蘇家是從台南遷居至台東鹿野的外鄉人，至今已三代，安身立命不易，所以親友都很重視茶園收成。偏偏蘇榮得在高中畢業返鄉務農後，雖從不懂到自修有成，但包括土壤、植物、農藥、肥料、病蟲害、灌溉水利等都是學問，蘇榮得全靠自己買書充實，他說有一家豐年社出的農業書對他助益極大，而且從中可參考許多農友前輩的經驗，對有機的認識，也是從書中得到的。

▲觀心農場台東地區最早獲得MOA、慈心等單位認證的有機茶園

蘇家是從台南出海，一路搭船繞過南台灣再北上至台東登岸，蘇榮得的祖父一眼就看上鹿野台地，家人就此落地生根，也把西岸種茶技術帶到此地，蘇家早年並未製茶，而是販賣茶菁，在蘇榮得接手慣行茶園時還是一樣，蘇榮得說以前噴藥都是請工人施作，而且特別囑咐工人要小心，記得一次有人在作業過程中中毒，就躺在田邊，直到叫救護車送醫急救吊點滴才救回一命。

到轉作有機茶後，蘇家才開始自己製茶，早年也曾以重發酵法作紅茶，但那個年代市場重視高山茶，茶湯要金綠才有價值，紅茶也就沉寂了好一陣子，而今紅茶熱潮方興未艾，蘇榮得也樂的重溫舊夢。觀心有機茶園面積大約三公頃，一年可收五至六次，最多總量可採一千斤左右，蘇榮得笑著說，這麼多年下來，茶園土壤已有機化，生態平衡也有一定機制，有機茶農只要有信心、耐心，大自然自會回報，像他現在茶園收益也漸趨穩定，家人健健康康的一起過日子，農忙時節一年就那麼幾天，比起一年到頭照表操課的慣行輕鬆多了。

有機經驗談果然有一套

十八年有機茶實作經驗，蘇榮得肚子裡有本「有機農經」，他說從事有機茶，有幾個面向一定要有概念：

一、水源：因為有機田不能施肥，所有養分都來自地下，而土壤中養分的沉積、流通都有賴地下水的流動運輸，若雨水量不

▲主人家後院綠意盎然

▲鳳梨田中種植的有機杭菊

▲有機茶園內如地毯般的草皮

種茶職人小絕活

由於市面賣的菊花茶原料大多有殘留農藥，蘇榮得配合台東茶改分場推廣種有機杭菊，約占了四、五分地面積，植株已達七、八千棵，因種的畦道較寬、草長的很茂盛，會適度剪理當綠肥，但因是自然野放栽植，成長速度不像慣行作物那樣快，蘇榮得笑說，一樣的話再說一遍，只要不追求產量、收益，有機農哪有什麼壓力？至今，觀心農場收製的菊花都是零檢出產品，配上自家製的綠茶泡成菊花綠茶，連農會都青睞。蘇榮得覺得有機茶只是一個起點，未來會再接觸更多有機農作物，並嘗試與有機茶結合，除了飲品之外，看看能否發展出有機茶與有機食材的有機料理。

▲種植有機杭菊需要極佳的環境

▶蜜蜂毫不畏懼人地如常採蜜
▼隨時低下腰來除草的茶園主人

足、地下水不夠，就得建構人工水利灌溉系統提供水分。鹿野高台因為是台地，地下水源得之不易，幸而老天幫忙應時應季降雨提供天然水源，也因茶株水分來源不是人工灌溉，茶根都會自然下伸吸收水分，整個茶園作物抓地力極強，生命力旺盛，如在鄰田種植有機地瓜、有機鳳梨等作物，因都抗旱，根部均具蓄水功能，茶樹也可獲滋養，不必噴水就能有水分供應，對茶樹壽命的延展很有幫助。

二、草相：有機茶園的雜草亂生是必然的，若茶農不識這些草，一股腦地連根拔的話，就會讓茶園損失蜜源，一些蟲子少了蜜可吸食根本不會飛來，若有機茶園中被蟲咬的葉片大幅減少，摘採出的茶葉可說是風味盡失。

蘇榮得指出，像咸豐草、「瘋查某」、昭和草等雜草都不必連根拔除，茶園中還會生長一種會開小白花的野草，很茂盛，也不必拔除，只要他們長的高度不超過茶株即可，以免影響茶葉的光合作用。茶園中的草愈多樣愈好，不必擔心他們會搶走茶株的養分，其實也搶不到，因為茶樹根系下竄較深，而野草均屬淺根型，吸收土壤中的養分層不一樣，誰也沒吃虧。反而因野草繁殖力強、成長快速，花期接力延續，充分提供蜜源，對茶園利多於弊。除非是有一種貼地蔓生的藤枝類雜草，因會干擾茶園管理行進動線，也會影響農忙時採收作業，就須連根拔除。

三、蟲害：有機茶園中各式各樣的蟲害都有，因為不噴藥，對這些蟲子而言就像天堂一般。剛作有機時，對紛飛而至的小蟲

▼蒐集來的枯葉準備作為有機肥

也頭痛萬分，蘇榮得曾請教茶改場蕭建興老師，利用生物防治法驅蟲，但過一陣子效果就弱了，後來也曾用黃色黏板吊掛沾附害蟲，但不少益蟲也被沾黏，看了很難過，而且在茶園中放板收板很累很繁重，後來乾脆不管了，讓蟲子們自生自滅。

記得以前慣行時，茶園中的浮塵子、紅蜘蛛是東部最常見的蟲害，那時噴藥大多是重複噴，務求趕盡殺絕，要不就是多樣噴，用各種不同藥性、成分的農藥狂噴猛灑，有時又怕藥量過重損及土壤養分，就再補噴益肥補充地力，誰知道有些農藥成分與肥料中的有機磷不能同時使用，否則會嚴重傷及土壤生機及植株生命，到從事有機後，慢慢地以「無為而治」方法管理茶園，蟲害雖有，但牠們的天敵也應時而生，在大自然生剋循環下，茶園的蟲害已不構成困擾，甚至在紅茶當道下，還希望小綠葉蟬大駕光臨並大快朵頤呢！

面對都蘭山有機當行善

觀心農場正前方矗立一座高約一千公尺的大山，蘇榮得說這就是聞名的卑南族聖山都蘭山，又名美人山、臥佛山，他的茶園就在中央山脈與都蘭

峽谷中，鹿野溪畔的台地上，視野遼闊風景優美，日照雨水都夠，因茶園附近還有其他農田為慣行作物，所以他在茶園邊廣種金露花灌木叢為綠籬，在茶園中以一畦茶樹一畦鳳梨方式管理，或者有些以一畦茶樹一畦菊花方式種植，少數茶園中也種花生，可當天然綠肥挹注土壤養分。雖然作物不同，但種法一致，那就是不能密植，即便這些有機作物互相之間沒有負面影響，甚至還有助益，但若種太密會形成枝葉延展干擾，不利各自成長。

蘇榮得很高興自己娶了一位原住民妻子，他說原住民的自然生活觀對他影響不小，太太會織布、手工編織，作一些與自然原料結合的衣服、用品，對食品多以大自然原生食材為選項，所以對有機作物是

面對都蘭山的觀心鳳梨田與茶園

絕對支持的，蘇榮得認為生活的有機觀念，就從日常生活減少支出作起，十八年前投入有機領域後就改吃素，那時只是簡單的念頭，覺得吃素在料理過程較不麻煩，種什麼吃什麼，而且又有「不殺生」的附加利益，況且吃的都是有機作物對身體是很好的。但也有負面效應，那就是對某些成分的食材會很敏感，一入口就覺得有添加物如農藥殘留、化學物質，甚至連基改食物都會有感，使得有時出門在外，吃東西反而是件痛苦的事。

近年鹿野高台地區成立一個「高台好協會」推廣社區再造，蘇榮得希望有機社區是一個值得發展的目標，他覺得從事有機這條路有點像是一種「修行」，投入後會先去除利欲心，也就是不會計較茶園收益、產量，然後會產生一種融入自然的念頭，對蟲害、草相都不會怨天尤人，聽其自然發展，但也不是放任自己無所謂、無所為，像製茶、採茶、賣茶等面向就要更積極作業，不能讓自然累積的功德被個人的懶散粗疏而敗毀。也就是說，當視從事有機為一種行善作為時，你的心態是積極而非消極，工作的形式和方法是投入而非迴避，你獲得的絕對比你損失的多，蘇榮得這一席「有機之談」真有「新開一扇窗」之感。

▲觀心農場的有機杭菊色澤亮麗

▲有機茶盒下的花布是原住民老婆的手工製品

▲自家門前養雞鴨，做為供養其他家人之用

種茶職人小檔案

茶農：蘇榮得
茶園：台東鹿野永安村觀心農場
地址：台東縣鹿野鄉永安村高台路
TEL：089-550579、0929-020970
FAX：089-551281

▲觀心茶園主人蘇榮得吃素平淡生活

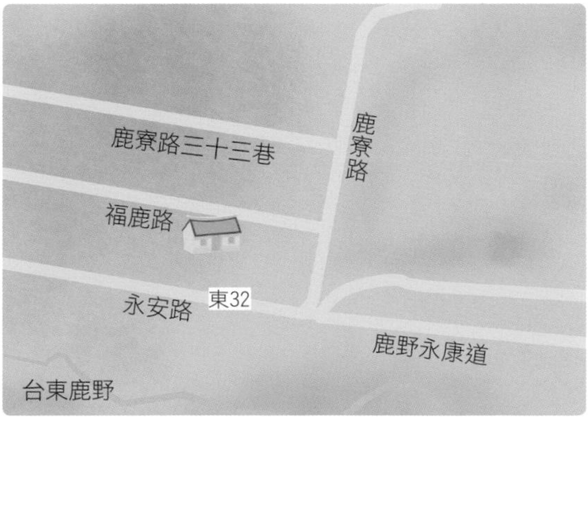

叁 東岸茶農亦師亦友的

茶改場台東分場

「只要引進新茶種，我們就會先在廠內試驗茶區試種，從育苗、土壤及水質管理到茶株照顧、收成後的製作技法、製成後的茶湯色、香、味及沖泡方法等各面向都形成一套論述規範，再推薦給在地農會、茶農，讓新茶種能在東岸落地生根形成新生的茶產業。」茶改場台東分場的製茶股長范宏杰，簡明扼要的道出茶改場的角色與茶農、農會的合作關係。

開發福鹿茶　打響第一炮

台東鹿野地區種茶歷史已逾五十年，早年不少由西岸遷移定居的閩客鄉親率先種茶，但都屬單打獨鬥型，胼手胝足地開墾，那時茶改場台東分場尚未設立，茶農們憑藉著西岸種茶的經驗來東部種茶，起初因不太能掌握此地的天候變化，乾濕度差異及土壤水質的特性，種出的茶不論是產量（不多）或是品味（不香）都難及西岸茶，在打不開市場及獲利不高的狀況下，有一些茶農就改種水果，廣植鳳梨、甘蔗等經濟作物。

直到民國八十年代左右，茶改場台東分場設立，地點落在鹿野鄉龍田村一片六、七公頃的緩坡平原。場方在設場前就已多方了解東岸茶的產製問題，所以一到鹿野就立即展開

▲茶改場台東分場擁有大片有機茶園

相關育苗試種計畫，剛開始也是以慣行為主，針對東岸因緯度較低、太平洋黑潮經過等特性，導致氣候較暖，溫度平均高出一至二度，加上其他產業區在十二月底至四月前因天冷緣故，茶產量銳減，市場呈現青黃不接，茶改場就試種此期間的晚冬茶、早春茶，果然在天時地利配合下，東部產的一月冬片及三月冬片不論質或量都在市場上博得口碑，不久，就正式以「福鹿茶」命名，為東岸茶打下一片江山。

福鹿茶興衰 有機茶崛起

范股長在敘述福鹿茶發揚光大時，臉上不時露出幾許笑顏，但話鋒一轉，當福鹿茶走下坡時，他也會表達出不勝唏

噓、遺憾之情。范股長認為，凍頂烏龍茶及高山茶兩波台茶興旺並未完全打垮福鹿茶市場，因為福鹿茶仍具有自家產地的特色，如產地日照夠、溫度穩定、日夜溫差小，茶樹長得較快，茶葉成分中二次代謝物較豐富，兒茶素、黃酮類物質較多，但口感較苦澀，不像高山茶「慢活」而成，高山茶雖富含醣類物質，但兒茶素含量不高，口感固然較優，其對飲茶人生理效益並未勝過福鹿茶，因福鹿茶在抗癌、抗發炎、抗血壓等面向的表現較突出。

真正壓垮福鹿茶的那根稻草是開放越南茶進口，范股長表示，他也了解在台灣加入WTO以後，國與國間的貿易互惠是必然的現象，但越南茶一入台，就展現其低價大量的

茶改場台東分場位處鹿野鄉龍田村，茶園後憑倚都蘭山

▲試驗栽種中的茶園生長狀況

優勢，不只福鹿茶，鹿谷的凍頂烏龍茶也受創，台茶幾乎只剩阿里山、梨山高山茶撐場面，台東茶改場眼見不少茶農紛紛棄種茶改種釋迦、枇杷、鳳梨等果樹。面對此困局，台東分場於民國九十年左右開始研發試種有機茶，從原本的慣行試驗茶區做轉型，土壤、供水均列入控管，打造有機生態環境，茶園中分青心烏龍區、台茶十二號（金萱）區、台茶十八號及台茶八號（紅茶）區、大葉烏龍區等茶種，試種採人工除草模式，不噴藥，酌量灑放有機肥。

研發紅烏龍　再創新商機

從事有機試種，頭二、三年的產量慘不忍睹，但茶改場很清楚這是從慣行轉型過程中的必經之痛，度過了這段慘淡歲月，第三年起就有些較穩定的產區，如台茶十二號（金萱）區、大葉烏龍區，而青心烏龍區還是一樣慘淡，茶改場據此發現青心烏龍茶種在抗蟲、抗病性表現較差，作有機會很吃力，反之金萱、大葉烏龍則表現不錯。

到民國九十五年，茶改場申請有機認證經檢測合格，此時有機茶試種已五年多，在環境生態上漸趨穩定，產量也能掌握，可見有機茶轉型期快則五年，慢則七年應可見效。以台茶十二號（金萱）為例，因其本身具一定抗蟲性，故場方一直採自然天敵方法抗蟲，不用任何生物防治藥劑（有機檢測認可的種類），因為只要一用藥劑除蟲、驅蟲，雖然害蟲清潔溜溜，益蟲也會一乾二淨，加上害蟲繁殖快，天敵恢復速率慢，而且每一代害蟲的抗藥性更勝上一代，形成生態上的惡性循環。反之，不用藥除蟲只靠天敵克制的話，不但能抑制害蟲量（不會趕盡殺絕），天敵的量也能維持穩定（不會暴增暴減），所以一物剋一物的天道，在種有機茶過程中感受十分深刻。

民國九十七年，是台東茶史上一個值得記述的年份，因為這一年茶改場研發出「紅烏龍茶」，一推出後市場反應不錯，而許多茶農眼見茶葉市場有復甦跡象，又捨果樹回頭種茶了，這五、六年下來，紅烏龍的確讓東岸茶再次在台茶市場上占一席之地。

有紅茶色味　卻具烏龍香

范股長說，紅烏龍其實是烏龍茶而非紅茶，只是在製茶過程中，加入紅茶的製作步驟，採重發酵、深度烘焙方式，不必刻意要求茶菁品質，任何烏龍茶種都能製成紅烏龍，只要這些茶在成長過程中用有機農法管理，任由茶蟲啃嚙，如小綠葉蟬吸吮過的葉子，雖有傷損但會增加蜜香，這種茶葉就直接作成蜜香紅茶即

▲茶改場對有機茶環境研究深厚

▲對蟲咬痕跡如數家珍

能表現其特殊風味，而被其他如蚜蟲、薊馬等蟲咬過的葉片，就不易產生蜜香，但可透過紅茶製作技法，作成具紅茶色味的紅烏龍茶，一方面能透過重發酵、深度烘焙去除其苦澀感，另一方面能令其表現出兼具烏龍茶與紅茶特性的香、甘與色澤，尤其冷泡紅烏龍更能品嚐出此特色。

由於茶改場是扮演茶種研發的角色與功能，故不能與民爭利，范股長指出，雖然茶改場吳舜聲場長是紅烏龍茶的催生者，但也必須結合在地農會推薦給茶農作技術移轉，雖有酌收技轉費用，但對茶農而言可說是以小成本搏大利的一項投資。

▲有機茶葉有椿象咬過痕跡

◀長期試驗觀察的有機茶品種

▲▲紅烏龍茶
▲台東茶改場管轄的範圍還包括各種茶品的研發

雖然紅烏龍對東岸茶產業起了一個指標型的再生作用，茶改場的茶種研發工作並未停頓，目前正在透過人工育種雜交、田間試驗、區域試種等過程研發台茶二十號烏龍新種茶在東岸育成的效果，范股長解釋，每一茶種研發期總會經過三至五年才完成一個階段，總共大概四至五階段的育成，以往的經驗，新種推出前大約要經過二十年的「懷胎期」，新茶種才能呱呱墜地，介紹給茶農，然後再輔導農友在技術、環境、產製、管理等面向的專業需求，協助農友種植新品種在市場上打出一片天，茶改場在這方面永遠扮演幕後角色，研發改良的工作是無止境的。

▲台東茶改場分場附近綠樹大道

▲茶改場台東分場研發中的柚子茶

在茶改場的試驗茶園中，范股長舉頭望天有感而發的說：因應地球各地愈來愈頻繁的氣候極端現象，台灣農作物的生長條件也越來越嚴苛，未來茶改場研發重心應會放在抗旱、抗寒、抗澇等極端特性，且以低咖啡因、低茶鹼含量的茶種為主要對象，希望在大自然環境異變之前能及時完成研發並推出種植生產。范股長語重心長、悲天憫人的神情，可令人覺知，人與自然真是互補又互相競合的微妙關係，究竟是自然壓的人喘不過氣呢，還是人能適應而掌握自然之變？恐怕在自然威力及人類智力的較勁下，很難得到最終解答吧！

▼范課長服務多年的茶改場台東分場，經年累月研究試驗有機茶，累積亮麗成績

種茶職人小檔案

茶葉改良場台東分場

地址：台東縣鹿野鄉龍田村北二路66號

Tel：089-551446

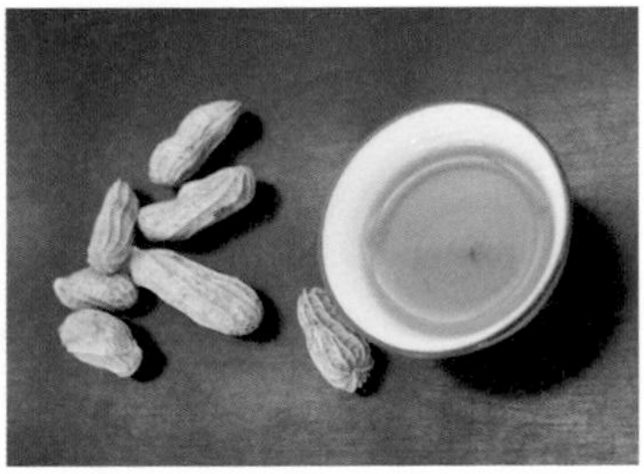

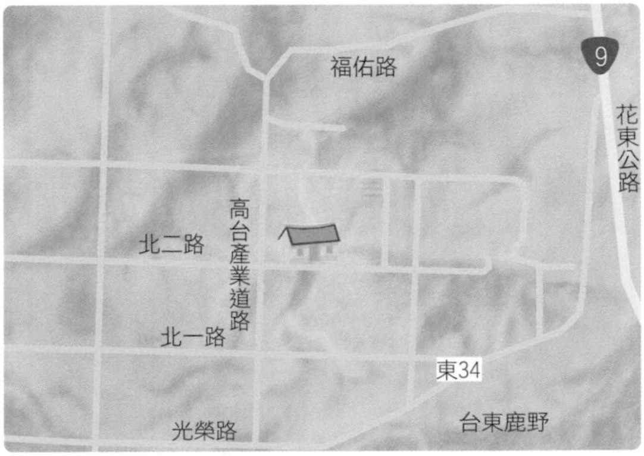

肆

充滿驚喜的
阿榮自然茶園

茶區：台東縣鹿野鄉龍田村
海拔：200～250公尺
品種：青心烏龍、翠玉烏龍、大葉烏龍
產製：蜜香紅茶、紅烏龍、自製手工茶

在連記茶園老闆連婀娜小姐牽線下，走進阿榮自然農園主人張鉦榮的住家，女主人小莊（莊孟萍）熱情的招呼聲，顯示張家與連家的交情絕非泛泛，放眼望去偌大家園打理得有模有樣，雖然園中擺設簡單，卻可見主人的心境，追求自然而非精雕細琢，寧可樸實而非奢華、炫富，小莊說老公去田裡看看，馬上就回來，邊說邊拉著連小姐「走，去我們老家看看，我們正在整修」。

差不多五十公尺不到的龍田村街邊，看到一株長得高又茂盛的老樹迎風招展，旁邊樹蔭下一間頗有日式風格的小木屋很引人注目，小莊說正是老公阿榮的阿公、阿爸以前開雜貨店的店面，目前還正在整修，未來也想擺賣一些農園中的自家產品，如茶、鳳梨及相關加工品，門口再放一兩張桌椅，讓過路遊客有個歇腳處，也可趁便享受一下鹿野特有的悠閒風。（在本書出版前，阿榮的甘仔店已整修好開張了）

從汽車裝潢變農園主人

在小木屋後面，一片上百坪的土地上，看到一排老舊土屋，也正在整修，小莊說這就是阿榮生長的地方，已荒置一陣子了，平常夫妻倆也沒那麼多閒時間打理，所以透過網路

▲愜意的農村生活

▲自然茶園井然有序

種茶職人小絕活

在茶園邊的農田種鳳梨是隨興選的還是有別的用意？阿榮解釋種鳳梨在鹿野地區是有歷史的，他曾請教過一些有機農友，獲知鳳梨與茶都需要酸性土質，而鹿野溪畔的農地土壤普遍都呈弱酸性，所以非常適合栽種。因為都是用自然農法，而且周邊沒其他農田，相當獨立，無汙染之虞，鳳梨與茶樹就像哥倆好般，兩塊田相安無事，不會互搶養分、水分，甚至連蟲害都涇渭分明，在自然野放的狀況下，竟也分別產生了不同的天敵，對他這種農夫真是省了不少事。

找了兩位「以工代宿」的年輕女孩子，都是西岸大學畢業生，來到鹿野後才開始接觸農事、工務，小莊就邊教邊帶，兩個女孩也很樂在其中，看著她們曬得黑黝黝的外表，忙進忙出搬木箱、裝修原料等身

▲孟萍與連記女老闆交往密切

影，可想見，這段歲月應該在她們的人生會留下極深刻的印記。

連小姐顯然對這片老宅園區很感興趣，不斷地提醒小莊這邊可以作什麼規劃、那邊可以作出什麼安排，看起來這兩家的情誼真的很「無私」，小莊跟我解釋，原來她媽媽年輕時在連記茶園擔任採茶班班長，傳承了不少茶園中採茶的相關技術與知識。

「你們夫妻都是鹿野人，一直都在務農種茶嗎？」小莊還沒來得及回應，就看到阿榮騎著機車噗噗的停在門口，阿榮很熱情的吆喝大夥去他們家中的「田園茶座」坐坐。坐定後阿榮馬上泡出自家茶園的茶給我們品嚐，阿榮很靦腆的說，在連小姐面前講茶是班門弄斧，而且他種茶雖已十六、七年，但卻是從零開始的，一路走來只有三招：多聽、多看、多問，就這樣也種出了不少茶。

原本夫妻倆都在桃園從事汽車裝潢工作，那時台灣經濟剛好是轉型期，在經濟起飛的初期，名貴的進口車雖有，但買得起的人並不多，反而一般人多買價位較低的日、韓或國產裕隆、中華

◀以有機鳳梨打出名號的阿榮自然農園
▼接受打工換宿的阿榮白色樓房與「甘仔店」

等廠牌的「陽春車」，但因為是陽春車，所以車內都需裝潢，那時這一行的生意還不錯，不過好景不常，隨著股市房市雙揚，台灣人消費力大增，進口車愈進愈豪華，陽春車幾乎被打入冷宮沒行也沒市，汽車裝潢市場因而大幅萎縮，在都會區賺不到錢了，毅然返鄉務農，於是考進農專充實農業知識，畢業後就下田了。家中留下的田都在，只要有人照看管理就行，從此夫妻倆開始種茶、種鳳梨。

一開始慣行十年才轉型

占地一甲半的茶園在鹿野溪畔，面對都蘭山，地理位置很優，日照足、水量豐、空氣好，對茶樹而言可說該有的生長環境條件老天都提供了，更重要的是種了八年的慣行茶後發現，如此優良的土地與環境種慣行實在太糟塌大自然了，於是開始轉型為自然農法，讓土地休養了一兩年後，慢慢地就回歸自然了。阿榮說他遵循「慣行→半慣行→半自然→全野放」的漸進模式，讓茶樹產生自然抗體，蟲害會形成自然平衡狀態，雜草蔓生時會申請本地的外役監派遣勞務工，都是一些輕刑犯或即將獲准的假釋犯，請他們來人工除草，拔蔓藤枝，到採收季時也會請他們來幫忙，在老婆家傳的採茶經驗中，擷取相關茶種的採茶心得教授這些「役工」，如青心烏龍要採一心二芽的嫩葉，才好作烏龍茶，但因青心烏龍本身抗蟲性較弱，故葉片被蟲咬的比例也較大，採

收量並不大；而大葉烏龍抗蟲性較強，可採的葉片較多；至於翠玉烏龍抗蟲性也不佳，所以一甲半茶園一年雖採收三至四次，總量茶乾才百來斤左右，並不豐足，有鑑於此，阿榮有意自明年起全面改種大葉烏龍，畢竟已有不少前輩農友告訴他，青心翠玉是中海拔的茶種，鹿野這種低海拔茶園不宜種。

目前作茶還屬小學階段

阿榮很謙虛地表示，從茶的門外漢開始學認識茶、了解茶、種植、管理、採收、製作、銷售等一條鞭過程，雖都是親力親為，但也許是天資不足吧，進度都很慢，尤其是製茶這一環，聽別人教的是一回事，等到親手作就完全不同，而且慣行與自然茶成長過程條件不同，製茶過程、手法的講究就有別，不同茶種也有不同作法，在連小姐這位東岸製茶大師跟前，他不敢妄言，甚至自認他的製茶功夫與連小姐比可說是小學生比博士，大有不如。

不過阿榮也說，還好祖上有德在鹿野溪畔留下這片寶地，除了前述優點外，還加上溫差大、霧氣足、露水重，這些都有助茶樹及鳳梨成長。因為以前在都會區待過，深知工業化、商業化帶來的化學、空氣及物質的汙染，對人體極不健康，所以在返鄉學農務農後，就堅定的把持「盡量減少人為干預」原則。

為什麼至今都未獲得任何單位的有機認證呢？阿榮似乎對目

鹿野鄉龍田村

龍田村位於鹿野高台上，日治時期為日本移民村，現存龍田國小的舊校長宿舍和鹿野村托兒所即是早期日式歷史建築。戰前此地的農作主要是栽種甘蔗；戰後鳳梨、茶葉、枇杷、釋迦、香蕉等皆有過輝煌的一頁歷史。近年龍田怡人的氣候與風土也吸引一些新移民落腳此地，並從事自然農法務農或分享有機生活。

▲寧靜乾淨的龍田社區

◀斗大的蜘蛛網是茶園好生態的明證，
阿榮逐漸闖出新天地

前施行的認證收費有些微詞，他認為申請有機認證費用第一年就要繳三萬元，第二年約繳一萬五至一萬八千元，第三年亦然，這種收費額度，對偏鄉小農是很大的經濟負擔，還不如套用古人所說的「無價之寶才是人間至寶」，「不收費的良心認證才是最嚴苛的農產有機認證」。從事自然農法已六、七年了，阿榮覺得他走的路是對的，他有一股「找回原味、找到自然味」的驅動力，從小吃的就是這種味道，而這種味道絕非慣行農產能呈現的，因為自然野放的作物會因蟲咬、日照、土質、溫溼度等交互作用而

▲阿榮的鳳梨田

▲蜜香紅茶顏色飽滿

▶主產的兩種茶品
▼自製的手工麵包營養養生

產生多樣、多層次的千變萬化，且因季節差異而展現季節特徵，而這種種的變化透過作物表現出來時，就會帶給人們各式各樣的驚喜，不論風味、口感、色澤都很難標準化、規格化，每一株作物都有自主性，農夫既抓不準也拿不定，更別提你要跟消費者拍胸脯保證這一季要賣什麼茶了。

在阿榮住家中看不到任何茶比賽的獲獎匾額或獎杯、獎狀，因為阿榮知道，在自然農法領域中，茶葉是有產量不穩、品質不定的特性，不必刻意透過製茶技法扭曲自然茶風味的本質，既然如此更不可能在參賽過程中獲得任何評審青睞。可是，阿榮的茶雖然少了獎項的加持，但卻優游在一片自然的柔光中，自由自在的獨享別家茶園所無的光環。

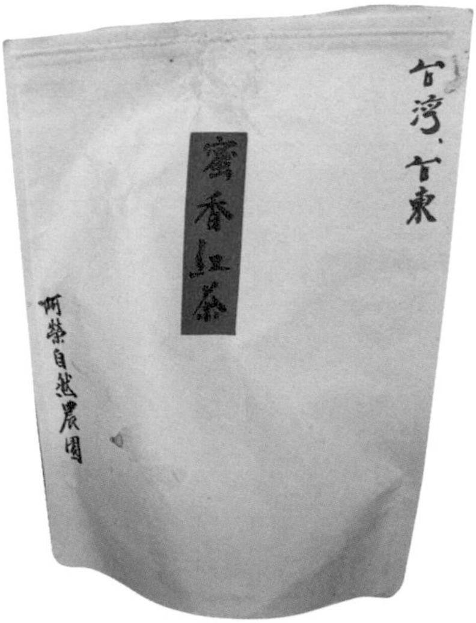

每一包茶包裝的題字都是阿榮親自書寫

▼修復中的老宅

種茶職人小檔案

茶農：張鉦榮
茶園：台東鹿野縣阿榮自然農園
地址：台東縣鹿野鄉龍田村光榮路163號
電話：089-552218、0910-176827

伍 作好茶賣好客的 大峰茶園

茶區：台東縣卑南鄉明峰村
海拔：500公尺
品種：金萱、台茶12號、大葉烏龍
產製：紅烏龍、蜜香紅茶

走進大峰茶園的茶店中，觸目所及就是一張紅檜樹頭作的大茶桌，桌上還擺放著龍柏、桃花心木、香樟等各貴木材作的木製工藝品，正在泡茶的老闆娘廖悅辰小姐招呼入座，頓時茶香、木香撲鼻而來，那種大自然的芬芳滿溢屋宇的感覺真是特別。

老闆學獸醫　早年不吃香

沒一會，老闆鄭登峰先生從內室走出來，看他倆大概都有六十多歲了，「沒錯，我們夫婦都六十好幾了。」鄭登峰繼續說：「一開始我們並不是種茶，當年從大學獸醫學成畢業後，工作真的不好找，那時學的是牛、豬、羊，市場需求有限，不像後來獸醫系學的是貓、狗等寵物，畢業後開一家寵物醫院不怕沒生意，所以那個年代獸醫幾乎無用武之地。不久，就投入了農業當稻農，雖有一定收成，但稻作受天候影響極大，生活經濟很不穩定，在朋友介紹下，轉進林務局東部山區的林班工作，那段時間認識了不少台灣林樹種類和特性，而且在那時就對土壤、樹林的相輔相成的供需互惠關係印象深刻，在大自然中，沒有人為介入，未施肥噴藥，樹林長得依舊高大壯碩枝葉漫天，這些印象在後來種茶時發揮了相當大的作用。」鄭登峰一口氣說清楚他種茶前的人生歷練，對那段山林歲月顯然相

▲台東大峰有機茶園

當懷念，放眼店中的一些樹木工藝陳設，想必也跟那段山林工作有關吧！

廖小姐補充說，其實在民國六十七年左右，先生就離開林務局工作，也許因為在退出聯合國後，以往與台灣有木材貿易的國家紛紛斷交，生意也中止了，台灣木材外銷之路一下子減縮，加上當時已萌發山林保育的一些聲浪，所以鄭登峰毅然急流勇退。離開後就在台東卑南這附近買了一些土地，剛開始種甘蔗，誰知台灣甘蔗的命運和木材差不多，出口外銷的路子漸窄化，沒多久就把二甲多的田地全部改種茶了。

從一切不通　到一手包辦

大概在六十九年左右，開始種茶的夫婦倆其實對茶葉這塊領域是標準的門外漢，那個年代百分之百都是用慣行農法，大家都是買農藥、除草劑、化肥來噴灑，茶樹是長成了，到了季節也有收成，但接下來倆夫婦就沒轍了，所幸兩人一條心，都想既然要賣茶，就要把茶作好，於是用比別家更高待遇請台北坪林知名的製茶師父到台東來製茶，廖小姐回憶請的師父曾劉木為客家人，另一人叫王廷輝，還有一個烘茶師父叫巫漢均，也是客家人，廖小姐說這位巫師父家中三代作茶，他烘出來的翠玉茶特別回香，她印象很深刻。

夫婦倆請了這些知名的「高手」來製茶，他們也沒閒著，在

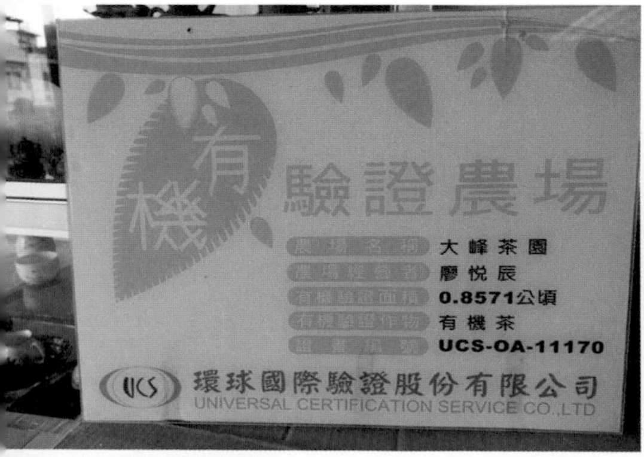

▲有機農場認證標章

有機茶園裡的土壤狀態▶

師父忙活的過程中，邊看邊學、邊問邊作，從種茶、採茶、管理茶園，製茶、烘焙、分級、品茶、泡茶等各個環節都學到一定火候，大概在民國九十四、九十五年期間，廖小姐率先跟老公提出，「我們是否應該漸漸改種有機茶，讓我們家的田園土地及作物回歸自然、健康？」鄭登峰那時也五十多歲了，夫婦兩人對身體健康的問題也愈來愈重視，加上二十多年慣行經營下來，對農藥、化肥、除草劑為害人體的訊息時有所聞，加上台灣社會消費大眾對食品安全標準的要求也愈來愈高，於是，兩人又是人同此心，心同此理一拍即合，在九十五年起開始轉用自然農法，讓土地獲得充分的休養，也在那個時期，台灣開放越南茶葉進口，對低海拔茶市場及行情帶來極大衝擊，市面上中低價位的茶大概有三分之二的茶都混有越南茶，傳統慣行茶幾乎被衝垮，所以那時轉作有機農法也恰如其時。

鄭登峰特別提醒，九十五年也是台灣掀起紅茶熱潮的起點，他們在轉型後，就轉製蜜香紅茶，並且用揉捻成條索狀的茶葉作成茶包，不像以往別人用的碎形葉片作茶包，更不會用茶渣、茶枝來作，所以他們的紅茶包也在市場有一定的口碑，民國一〇一年大峰茶園已申請有機轉型認證，約兩年後就可通過，到時再申辦有機認證。鄭登峰說轉作有機茶這八年下來，前五年可作到無農藥檢出，再三年可達到無化學粉，目前已可作到水、土、茶菁、茶乾均無農藥、重金屬殘留的零檢出程度。

栽茶職人小絕活

觀看大峰茶園現場，感覺茶園管理的很整齊，一點都沒有自然農法茶園該有的「亂象」，鄭登峰笑著說：「我家茶樹長得比別人好，那是因為我用一種有機肥，而這種有機肥別人不會用，就算想用也拿不到。」哇！這是什麼獨門祕方嗎？鄭登峰說，其實你現在踩的茶樹與茶樹間的畦道，就是我用那種有機肥鋪的，這是去紙漿廠批來的，在作紙過程中會有大量剩下來的樹皮，原本都是被當成廢料處理，但他發現這些樹皮鋪在樹林周邊是很好的綠肥、有機肥，對淨化土質也很有幫助。因家中茶園還有些尚未轉作有機，這些茶園的畦道就廣種「田菁」，對改變慣行田地的土質很有效，希望在未來幾年內，全面轉型為有機茶園前，土地已全面有機化。

節省物資作有機肥

▼大峰茶園本店老闆鄭登峰夫婦

賣茶有訣竅 要將心比心

回到店中，廖小姐正在送別剛買好茶的客人，廖小姐告訴我這兩位是高雄某大學的教授，以往都是宅配，這次是剛好來台東旅遊，順便到店中買茶。廖小姐說只要是大峰茶的主顧，她都有紀錄，從性別、年齡、買的茶種、喜好口味等都歷歷在目，她認為買茶的主顧其實就像她的家人般，她一定要用自家的茶照顧好客人，讓他們對大峰茶不只是對茶的喜歡而已，更喜歡他們的對待態度及用心，如此一來，茶店與茶客就會形成一種感情、交情的連結，歷久不衰甚至會開枝散葉，記憶所及，大概有五分之一的客面是老主顧介紹來的。而今又有女兒透過網路幫忙行銷，漸漸打開外縣市的客群及較年輕的客群。

廖小姐也提到，有外縣市的人想批大峰茶去賣，但不想用「大峰茶」為品名行銷包裝，廖小姐說沒關係，只要新的包裝上註明產地及有機轉型認證中即可，她不會在乎是否用大峰茶為名，只要買茶的人知道這個茶產地是卑南明峰村就好了，如此等於間接找到了一個客戶，何樂不為！廖小姐強調，本著「作好茶賣好客」的原則，只要經過自己「良心認證」的茶葉，相信一定經得起市場與顧客的考驗。她說，每一季只要有新茶作出來，都會根據客戶資料寄送樣品茶給他們試喝，如果中意再來電購買宅配，這個作法效果不錯。

烘焙學古法　浪菁像棉絮

鄭登峰說現在年齡愈大身子骨愈不行了，以前還能學以致用的作茶，現在都靠小他幾歲的老婆了，廖小姐說到烘焙特別來勁，帶我到店後烘焙間看她以前的工具，她說剛學烘焙時是用炭火，那是向坪林老師父學的獨門絕技，先以粗糠燒過成灰狀後，另外用一只大盒（鐵製或鋁製均可）以相思木的木炭燒熱，等到只剩炭燼時，再灑下之前粗糠灰覆蓋其上，形成一堆小灰堆，直到粗糠被灰燼漸加熱成灰末粉狀，再用一個架在灰燼堆上，把竹編的簍子架好後，還得等粗糠變成灰粉的過程中糠灰味完全散掉，才能開始烘焙，火力、熱力要透過手工撥灰才會均勻傳達至

竹簍。這種烘焙法作了三、五年，作出來的茶葉風味獨特，是電爐或烘焙機作不來的。

至於浪菁，廖小姐說那也是老師父教的，老師父說「浪出來的茶菁一定要綿綿的，膨膨的，要有雲朵般的彈性，要有空氣在茶葉中流動的感覺」，廖小姐回想這種浪菁法門，嘴角溢出一絲絲笑意，她說她還真的作到老師父要求的境界，她用一個古老行業來形容，她說就好像以前手工棉被店，那些作棉被的都要經過

◀乾淨的製茶間
▶古老的製茶工具
▶▶台東大峰紅烏龍

▼▶計劃要開闢的茶園旁種植楠木

手工彈棉花的程序，而彈好的棉花就要像老師父形容的浪菁般。廖小姐說，如果茶葉的化肥或葉面肥太多，就不太可能作到這種程度，因為這種合成肥料與空氣接觸會有氧化效應，影響葉片與空氣的正常互動，如果慣行茶在施肥噴藥量上都已減半的話，或許浪菁效果會好一點。而有機茶因無藥肥，純自然成長速率較慢，所以其收成期會比一般慣行慢個二、三個月，如此剛好錯開工人需求、製茶撞期等問題，浪菁時專作有機茶的效果也更明顯。

這一對終生與林木土地農作互動的夫婦，對種茶抱持著一股不曾消退的熱情，希望他們家的大峰茶能在健康茶領域闖出一片天，但鄭登峰也有所感概，再怎麼說兩夫婦年齡已到望七之數，不知道還能再打拼多久，家中小孩只對賣茶有興趣，到時誰來接棒製茶、種茶給他們賣，還是未知數呢！

▲處處講究細心，連運送過程也替客人著想避免撞傷

▼夫婦倆勤奮持家精心製茶

種茶職人小檔案

茶農：鄭登峰、廖悅辰
茶園：台東卑南明峰村大峰茶園
（已檢驗過關，預計11月24日取得認證）
地址：台東縣卑南鄉明峰村16鄰文泰路10號
TEL：089-571242, 0932-661399
FAX：089-572177

大峰茶莊的紅烏龍茶乾

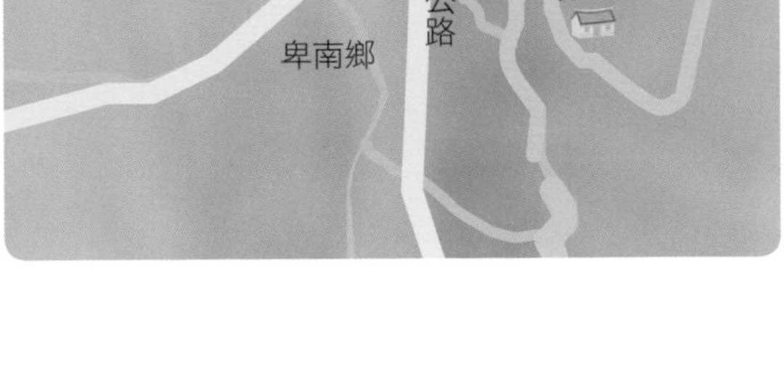

陸 阿古師茶園的

奇異恩典

茶區：台東縣海端鄉利稻村
海拔：1100～1800公尺
品種：青心烏龍
產製：摩天嶺高山茶、紅烏龍

從台東池上轉進南橫入口，一路彎彎曲曲沿著公路往上迂迴爬升，經過霧鹿天龍飯店外，還被那附近盛開的山櫻驚豔，過了霧鹿往利稻的路感覺就沒那麼好走了，時而坍方時而路陷，難怪看資料上說南橫目前只通到利稻，利稻往西只有工程、電力人員能走，還好，我們的阿古師茶園就在利稻。

從小便好農　原民中少見

走進利稻村阿古師的家中，濃濃的原住民風味擺設讓人很明顯即分辨出這是一個原住民家庭，年紀滿輕的阿古師（古志明）熱情地招呼我們，宏亮的嗓門、銅鈴大的眼睛、粗壯的身軀都給人很深刻的印象，一聊起來，原來阿古師是布農族，從南投信義鄉丹大山區的七彩湖遷至利稻已三代了，祖上遷來後就種菜、種茶，但因原住民樂天知命使然，田中作物不太費心思管理，所以收成也是寥寥可數，阿古師從小就對農務有興趣（在原住民中並不多見），很積極地向老人家學農事，所以，從小就有種茶、種菜的經驗。直到退伍回到山上繼續種茶後，才發現從小學的那一套還真不夠用，於是開始找專業人士教授更深入的農業知識技能，阿古師說那時有一個慣例，就是茶商教你種茶、製茶可以，但是茶園收

▲阿古師看顧的摩天嶺茶園，視野絕佳

▲位在摩天嶺的茶園

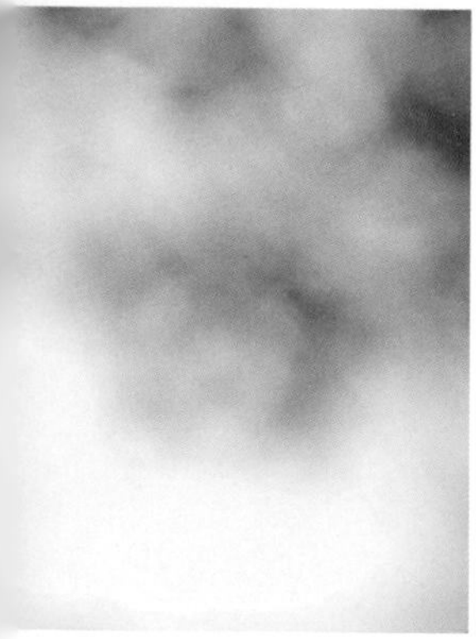

成的七成歸茶商，自己則保留三成而已，阿古師為了學到真功夫，不得不忍痛答應。

在民國八十幾年的時候，台灣茶葉內需市場非常蓬勃，當時利稻部落內有四十多公頃茶園，十分壯觀，阿古師記得，那時有鹿野茶商、茶農上山收茶，部落中種茶的族人都過得不錯，但好景不常，台灣加入ＷＴＯ後，進口茶大舉叩關，衝擊台灣茶業內需市場，行情價格一路崩滑，茶商契作利潤不復當年，許多茶農收成無處可賣、無利可圖，於是部落茶農都改種菜，一路走來只剩阿古師堅持到底，全利稻只剩他還在種茶。

禱告獲指示　以酵素種茶

在大家都不好過、紛紛轉型的過程中，阿古師的堅持種茶並未獲得好的回報，全家人咬牙苦撐，憑藉教會的堅定信仰，阿古師在日日夜夜的農務、禱告循環作息中慢慢地找到了一股安定力量，也許外人看到的是一種傻勁，但阿古師很明白，就是這種執著支持著才能走到今天。

「同樣是種茶，為什麼原住民賺不到錢，平地人就能賺很多錢買農藥、肥料？」禱告時阿古師會向上帝找尋答案，從踏入種茶這塊領域後，他很堅持不走慣行，但走有機之後，發現雖然慣行農法成本很高，有機農法也不便宜，像生物防治使用頻率高，花費不少，進口有機肥更是「貴桑桑」，國產的有機肥大概只有百分之五十為有機質，所以較便宜，但效果也會打折，而自己走的非慣行之路，除了野放外好像沒什麼省錢之路，但野放的收成可說慘不忍睹，怎麼辦才好呢？

▲阿古師後院茶園

▲正值櫻花盛開季節

就在一個頭兩個大的時候，一位由台北奇蹟協會牽線介紹的傳道羅慶明見到了迷惑的阿古師，這位羅傳道跟他說是在禱告中獲得指示，要教從利稻來的他如何用天然酵素種茶，這套方法是羅傳道多年前在南韓學來的，當時是用來種菜，效果還不錯。阿古師回想，他正在為用什麼方法種茶苦惱，夜夜禱告都不得要領之時，竟有台北教會的傳道要教他以前聽都沒聽過的方法，這難道不是神對他的禱告的回應嗎？

於是在接下來的幾個月中，阿古師不斷地往返台北、台東，阿古師說羅傳道的酵素種茶法收成只有慣行茶的一半，但整體來說產量還算穩定，而且天然酵素成本相對低，此消彼長之下，家庭經濟也漸呈穩定。

酵素種的茶　具有機特性

阿古師說，根據羅傳道傳授的方法，用的酵素共有七種，第一次用五種酵素配方澆灑茶樹葉面，十五天後第二次澆灑葉面時，用三種配方，再十五天後用四種酵素配方澆灌茶樹根部，整體而言是以四十五天為一個

循環。不同茶種的茶樹對酵素需求的周期也不一樣，但阿古師種的都是青心烏龍，所以都是以四十五天為周期。

在酵素茶園中，草長得非常快且十分茂盛，大約每五十天要除一次，不能讓草長高過茶樹，以免影響酵素與陽光互動，除草都是自己動手，部落族人一方面外流者眾，一方面留在村中都在種菜，沒空幫忙，如找平地工人成本太高，因為太遠交通費太貴划不來，所以都是全家總動員。

天然酵素原料應該是黑糖，最原始也最道地，但目前市面上賣的酵素有不少用蜜糖、冰糖、果糖合成的，這些酵素都屬於加工品，不能算是天然酵素，阿古師說他有用到以竹筍萃取的酵素種茶，發現種出的茶葉比阿里山的有機高山茶還多了一種特殊味道，有點竹子的清香，也有點茉莉花香，很特別。

阿古師認為，多年下來他的心得是，種茶利益比種菜好，只要茶園管理得法，並且請教找尋提升茶葉品質的方法，自然能建立自家品牌，目前整個東岸的茶就屬他家的茶園海拔最高，他永遠不會忘記當年看到利稻部落收春茶的榮景，平地茶商前後花一個半月接踵上山排隊搶購，那時的「摩天茶」在茶市上有一定口碑，二、三公斤的春茶一下子就賣光了，摩天茶名氣雖比不上阿里山茶，但就茶論茶，高

種茶職人小絕活

種茶方法找到了，阿古師擁有的兩片茶園都用上了酵素之後，在住家旁約一公頃的茶園（海拔約一千公尺）四周遍植櫻花，由於正值花季，落英繽紛點綴碧綠茶園煞是好看，阿古師說種櫻花也是向專家問來的，那位專家說在茶園四周種櫻花不是每個茶農都能做的，必須有天時地利，就是海拔要上千公尺，天候不能太溫暖，濕氣不能太重，而利稻摩天嶺附近的谷地天然條件滿適合的，所以阿古師的茶園才能有櫻花圍繞，而且櫻花的落瓣落在茶園中分解後能提供天然花肥，增添茶樹根部養分，也能讓茶葉呈現不同風味。

而在離利稻住家往摩天嶺上爬約八百多公尺處的山坡，就是阿古師另一片茶園，約十度的陡坡一大片綠油油茶樹，讓人覺得這個酵素法種茶呈現出的茶園景觀不比慣行茶園凌亂，阿古師說這片高山茶園因坡度大且周邊都沒有別的農田，所以無農藥、水質汙染之虞，也因此在茶園周邊並未種任何綠籬防污，在有機轉型過程中，也都通過檢測，一〇三年十二月下旬則是最後一次有機茶轉型認證檢測。

▲▲有機驗證
▲往摩天嶺茶園入口，坡度非常大

山茶品級也該落在上等級與阿里山有得拚，甚至有些茶商批買摩天茶後以阿里山茶包裝來賣，在市場上也不易被識穿。

種茶到製茶　都有如神助

目前用的有些天然酵母原料、成分，是阿古師透過教會兄弟遠赴新竹尖石石磊部落學來的，與羅傳道教的方法融合運用後，五年下來產量雖不像慣行農法，但品質很穩定，阿古師覺得，酵素法的防蟲、施肥效用並不比慣行差，只要施作習慣後就能熟能生巧、駕輕就熟。不過光是會種茶但不會製茶的話還是功虧一簣，賣茶乾的利潤並不高，所以阿古師也積極想找師傅學製茶。

大約民國九十七年左右，阿古師正愁沒門路找人教製茶時，一位住在台北市八德路教會的林牧師風塵僕僕地跑到利稻部落找阿古師，更奇妙的是，林牧師告訴阿古師，他是透過禱告獲得神的指示，專程到利稻來教他製茶，聊了之後才知道，林牧師曾師承坪林一位張姓茶農，學了一身精湛製茶手藝，當下就在利稻待了兩天一夜，接下來一年內來了五、六趟，把一身製茶功夫全部傳給阿古師，於是原本完全不懂製茶的阿古師，不再只賣茶乾了，他會把收成的青心烏龍茶用輕發酵製焙成摩天嶺高山茶，夏秋兩季的茶葉用重發酵深烘焙製成紅烏龍，一年約一千斤茶乾收成，製成茶葉賣的價錢更好，阿古師有信心，過去曾經風光過的「摩天茶」會在他手上重現。

▲原住民阿古師住家開放寬闊

▲擁有完善製茶設備

就在逐漸轉好的茶葉交易過程中，阿古師發現有鹿野的茶商上山批買摩天茶下山去賣，那時的摩天茶已經趨近有機茶，口感不錯賣得不差，但產量不足供應市場需求，茶商就用鹿野產的茶混充，還把摩天茶批發價壓下到不合理價位，阿古師發現他的茶被不肖茶商冒名混充牟利，這觸碰到阿古師最敏感的神經——誠信，一氣之下，阿古師乾脆不賣了，再怎麼樣都不去賺那昧著良心的錢。

待南橫通車　再賣摩天茶

根據公路養護單位評估，如無新的災情，已斷路五年的南橫可望在民國一〇四年左右恢復通車，對阿古師來說，這不啻是最好的消息，因為東岸茶再好，若不能運到西岸賣，在東岸小市場限制下，是闖不出什麼生路的。只有南橫一通，阿古師的摩天茶才能真正地打著品牌與阿里山茶、梨山茶一較長短，屆時西來東往的遊客絡繹於途，阿古師有信心摩天茶不怕貨比貨，就怕不識貨。

最近阿古師還是一直在禱告，不過他禱告的內容不一樣了，阿古師會請求上帝協助他的族人回到種茶這條路，他願無條件地教他們種茶、製茶，只希望能幫助族人回歸家庭生活，讓利稻部落往日生機再現，此外他也禱祝南橫早日通車，讓這條利稻與西岸聯繫的生命之路人車平安貨暢其流，並且讓全台唯一的摩天茶能再創往日光華。

▲阿古師一家人和樂樂天

南橫公路

南橫公路原為日治時代的理蕃警備道「關山越嶺古道」所擴建，為台二十線山區路段，起點在台南玉井，終點止於台東海端，公路沿途動植物生態景觀迷人，海拔二七三一公尺高的啞口是南橫最高點，「向陽雲海」自然景觀氣勢壯闊，是著名的風景。利稻為原住民布農族人的生活圈，屬台東縣海端鄉，八八風災後，南橫公路中斷，直接影響東部到西岸雙邊的流通，南橫公路通車與否，也是阿古師心中念茲在茲的祈願。

▼阿古師家園彷彿世外桃源

種茶職人小檔案

茶農：古志明（阿古師）
茶園：阿古師茶園（有機轉型）
地址：台東縣海端鄉利稻村文化路
TEL：089-938057；0910-559724

▲阿古師的高山茶乾

柒 福地福人居的

富源茶園

茶區：花蓮縣瑞穗鄉舞鶴台地
海拔：300公尺
品種：金萱，台茶18號、大葉烏龍
產製：蜜香紅茶、綠茶、烏龍茶

民國六十一年，原本在桃園龍潭地區種茶的葉發善（時年四十歲左右）眼見外銷茶市場日益萎縮，種茶成本並未降低，賣茶收益一年不如一年的狀況下，決定舉家遷至東部花蓮地區，葉家第一個落腳處就是在瑞穗、光復交界處的小地方富源村，葉發善帶著妻兒選定這片坡地就開始葉家在東岸的種茶產業。

九〇年獲認證　瑞穗第一人

葉家長子，也是現在富源茶園負責人，年已五十五歲的葉步銚說，在父親年事漸高後就將家中茶產業交給他們三兄弟經營，葉家茶園總共有九公頃之多，民國六十幾年從富源遷來舞鶴台地時，都是種慣行茶，且以內銷為主，葉步銚說東部茶尤其是舞鶴茶會在茶市場中有一定口碑的原因主要是勝在「時間差」，因為緯度較低、氣溫較高的緣故，東部的春茶比西岸早採收，早上市，在西部、北部茶葉產收青黃不接的季節中，東部茶正好補上那個供需缺口，不只早春茶，連冬茶也一樣能補上，所以東部茶能在台茶市場占一席之地。

葉家茶園在民國八十七年就撥出一公頃作有機茶園，三年後就獲得ＭＯＡ認證為有機

▲花蓮富源茶莊茶園負責人葉步銑

▲花蓮富源茶莊的大片綠金

茶，為瑞穗舞鶴地區第一家獲有機認證的茶園。葉步銑回想從富源遷到舞鶴後，父親堅持不改店名，要子子孫孫都記得，他們從龍潭東遷第一個安身立命的地點就是富源，至今葉家每年至少回龍潭一次，也會帶孩子們去富源村探視當年父親創業的基地。

產製有機茶　點滴在心頭

目前葉家茶園栽植有機茶的面積已不斷拓展，葉步銑說在八十七年轉型初期，真的是很慘，別說產量少、賣相差這些有機農共同的痛，他們幾兄弟在有機茶園（即自然野放式管理的茶園）中被那些蟲、草搞得真的是苦不堪言，記得春冬兩季茶園中的蟲子較少，但在端午至中秋期間，茶園的蟲子簡直多到抓不勝抓，浮塵子、捲葉蛾、布袋蛾這些蟲咬得很兇，甚至整株茶樹都遭殃，這時就得找人幫忙除蟲，那時若自己抓蟲還有農政單位給予一萬元一公頃的補助，找人反而沒補助。

至於茶園中也有除不完的雜草（不能斬草除根），他們會用小型耕耘機、拔草機在茶樹畦道間推除雜草，不會連根拔起，而在茶樹中蔓生的草就只能用人工一株一株剪除，葉步銑說那些雜草看似破壞茶園景觀生態，其實雜草在茶園中建構一個新的自然生態機制，雜草因為是淺根植物，與茶樹的根系所處的土層不一樣，完全不會影響到茶樹的養分吸收與成長，而且有些草會開野花，這種野花的花季、花期都會比茶花來得早又長，能充分「招蜂引蝶」傳播蜜粉，茶樹在成長期也多少能受惠，所以蟲、草的問題在觀念及知識的傳導後，反而不再是困擾。

舞鶴蜜香茶　仍供不應求

開車走在台九線舞鶴台地這一段，道路左右的茶園、茶莊真可說是櫛比鱗次，一家比一家大，一家比一家新，富源茶園的店面也在其間，葉步銑說他家是在民國七十八年才在現址蓋樓開店，至今已二十五、六年，不管過程中賺多賺少，葉家都沒有想過在別的地方展店，葉步銑說他們家從頭算起已經是第四代茶農，台茶的興衰起伏他們是看在眼裡，以前在龍潭種茶專供外銷，綠茶銷日本，紅茶曾遠銷至摩洛哥，當時一退出聯合國，台灣外銷管道就被腰斬，其後台灣經過經濟起飛期時，台茶不論是鹿谷凍頂烏龍或是梨山、阿里山高山茶都曾在不同階段領過風騷，但在開放越南茶進口後，低價傾銷策略打垮一票台灣中低價位的茶品，不論北部、西岸、東岸的茶產業都飽受衝擊，還好後來開放陸客來台觀光，救了阿里山高山茶一脈，但仍有不肖商人

▲葉步銑的媽媽自種蔬菜，非常勤勞

▲花蓮富源茶莊得獎無數

▼富源茶莊葉家兄弟合作無間

▼花蓮富源茶莊外梅花盛開

以劣質越南茶混充詐賣，陸客也不是傻瓜，上次當學次乖，你就算賺也只能賺他們一次，但把其他老實誠信的茶農、茶商招牌都一起砸了，可以預見未來阿里山高山茶也會沒落。

在民國九〇年代初期，魚池茶改場研發出台茶八號，即俗稱阿薩姆紅茶的茶種，在台灣掀起一股紅茶熱潮，至今仍方興未艾，台灣茶農也掀起一股製作紅茶風潮，從以前只有碎形葉片的紅茶改良為手作揉捻條索紅茶，讓紅茶除了風味提升外，外形也美觀多了，加上杯飲茶盛行，年輕人也起鬨喝紅茶，一時間紅茶已有取代其他茶種而起的趨勢。

十多年前，台東茶改場也是趁著這股熱潮，以東方美人茶葉再輔之紅茶製作技法作出蜜香紅茶，舞鶴地區茶農一時間都學作蜜香紅茶，沒多久「舞鶴茶」（即舞鶴台地產製的蜜香紅茶）就聞名島內，而為了製出帶有蜜香味的茶，就得讓茶樹成長過程中招來小綠葉蟬咬囓茶葉吸吮汁液，所以茶農幾乎都不噴藥，但因自然天敵的機制，一物剋一物，舞鶴台地茶園被咬的葉片越來越少，在蜜香紅茶市場上顯得供不應求，無奈之下只好向赤嵙山、太麻里等茶區買茶葉來製作。

葉步銑說，目前越南茶對台灣紅茶市場尚未形成衝擊，但不知這個榮景還會維持多久，舞鶴茶農大多是以店面零售為主，產量不必太大，他們家中就有一傳承家訓，就是行銷不求高利，平實營收即可。目前在台北有妹妹作網路行銷，拓展了一些客源。

葉步銑說明個人的經驗，他認為賣茶要先設定利潤空間範圍，找到最合理的價格定位（不是圖高利也不是在賠本邊緣），不能在消費者討價還價過程中馬馬虎虎、糊里糊塗地賣茶，也不能好高騖遠唯利是圖，絕不能為了賺一次而連招牌信譽都不顧了。

台灣製茶業　客家師有名

葉家本身為桃園龍潭地區的客家人，遷來東部後也遇到不少客家鄉親在地種茶，「為什麼客家人在台灣製茶這塊領域出了不少名師？」葉步銑似乎對這個問題早有準備，他說在台灣的幾波移民潮中，客家人從唐山遷來算晚算慢的，在登上台灣港埠後，大多往山區移墾，而山區地形不像平原農田那麼平整，而且山區坡地的天候也相對不穩，所以早年客家先人在農耕時能選擇的作物大多是耐旱、耐寒、一年多生，採收後能存放，能供給鄉親食物、營養，且能與閩南人交換物質的作物品種，而茶葉就是其中一種作物。在日治時期，日方就設立茶葉技藝所專門培養製茶師，那時客家人種茶者眾，需要學習製茶，所以不少人進技藝所當學員，國民政府來台後，技藝所改為茶改場，也培養了不少專業技師，後來這種培育制度取消了，當初的製茶師父大多轉入民間，所以在台茶製茶界，有不少客家師父獲得推崇。葉步銑說，其實作茶無師父，全靠現場觀看領會，不能作筆記照表操課，像舞鶴台地茶區，空氣好水質好，產出的茶葉品項多樣，在製茶過程中不能依照「青心烏龍……製法」、「大葉烏龍……製法」、

種茶職人小絕活

在茶園中打滾了三、四十年，葉步銑認為茶葉是與人工手作分不開的產物，如果科技、電腦完全取代種茶、茶園管理、製茶等過程，相信那種茶喝起來一定會少了「人」味。所以茶葉的種植、產製過程，茶農應該要親力親為，尤其是製茶這一環，一定要講究茶葉的「適製性」。

首先，就是在採茶前先看所採的茶葉要作什麼茶，因為蜜香茶與清香茶的採法有別，蜜香茶採的是一心二葉，比較嫩，而清香茶採的是一心三葉，較成熟一點。其次，蜜香茶會製成半球形，香氣自然發散，冷泡熱飲皆宜，包括清香型等烏龍茶則會作成全球形，尤其是近年研發的紅烏龍也作全球形，因經過高溫焙過，會有些炭烤味，茶湯色較濃，通常舞鶴茶區作的蜜香紅茶採葉較細，以零售為主重質不重量，而鹿野地區作的蜜香茶採葉較大，且以批發為主，多走中低價位。

葉家特製綠茶酥

「金萱……製法」等制式筆記製茶，因為每一種茶葉，每一株茶樹都有其特性，絕不能一概而論，用一成不變的方法對待，只會糟蹋茶葉，製出的茶沒個性、沒特性，很難獲得茶客青睞。

葉步銚說，他家四代傳承下來，對茶葉及滋長茶樹的土地都有了共榮共利的情分，家人對茶園土地、水質的重視自不在話下，就算是還未轉型的慣行茶園，在愛護地力的前提下，也鮮少噴藥，葉步銚強調，父親傳下的訓示就是「不能為了產量、收益而破壞地力，損害自然環境，甚至傷及茶客的身體健康」，他們三兄弟接手茶產業後，堅定奉行這「人顧環境、環境顧人」的法則，知足常樂的照看茶園、經營茶店。

▼富源茶莊葉發善老先生將一身功夫傳承長子葉步銚

▲花蓮富源茶莊茶品豐富

▲花蓮富源不外賣的白牡丹茶

▼花蓮富源茶莊歷史悠久信譽佳

種茶職人小檔案

茶農：葉步銧（曾獲2007年全國台茶18號競賽，紅茶組頂級十大經典名茶榮譽）

茶園：花蓮縣瑞穗鄉（舞鶴台地茶區）富源茶園

地址：花蓮縣瑞穗鄉中正南路2段255號

TEL：03-8871625 0933-486637

FAX：03-8871190

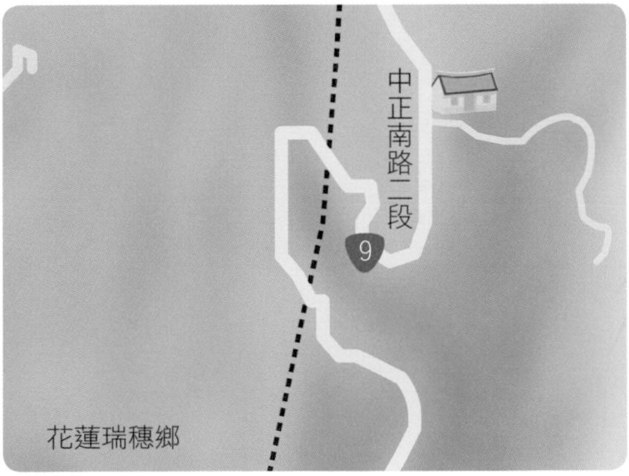

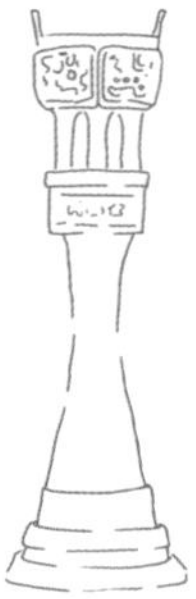

小日子
到在地人家住一晚
小島旅行

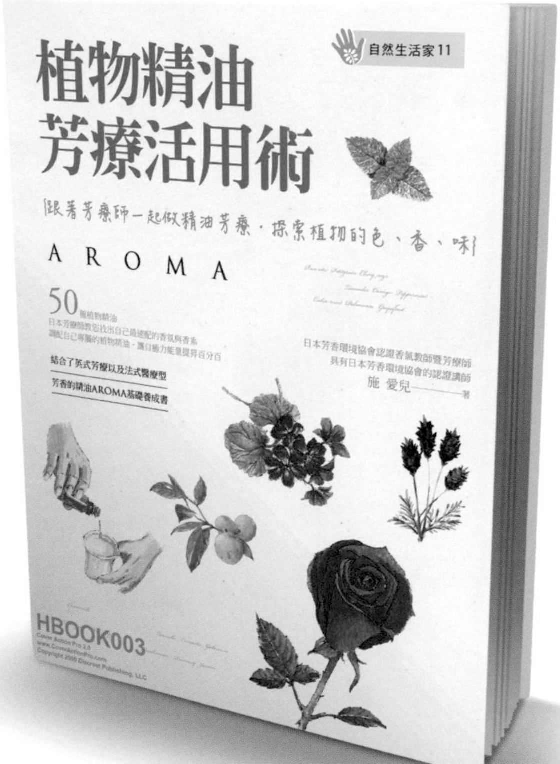

植物精油芳療活用術

跟著芳療師一起做精油芳療·探索植物的色、香、味

50種植物精油
日本芳療師教您找出自己最速配的香氛與香系
調配自己專屬的植物精油讓自癒力能量提昇百分百

施愛兒◎著
〔日本芳香環境協會認證香氣教師暨芳療師〕
定價：350元

AROMA，一個充滿迷人氣息的字詞，也是古老的人體自然療癒方式之一。
本書透過AROMA的典故說明以及人體感官和精油功效的認識。藉此來讓人了解和認識精油芳香AROMA從基礎到專業的知識和常用調配方式，並引導讀者如何來調配屬於自己的AROMA。

本書介紹最常使用的精油植物50種提案：薰衣草、迷迭香、葡萄柚、佛手柑、檀木、橙花、奧圖玫瑰、苦橙葉、香根草、沒藥、杜松子、鼠尾草、橙花、尤加利、薄荷、依蘭依蘭、雪松木、茴香、廣藿香、茉莉、丁香、玫瑰草、天竺葵、洋甘菊、羅勒、茶樹、檸檬、絲柏、梅利莎、馬鬱蘭、黑胡椒、橘子、安息香、檸檬草、荳蔻、香茅、萊姆、百里香、生薑、 松香、乳香、紫檀木、肉桂、大茴香〔八角〕、香菜、馬鞭草、肉荳蔻、歐白芷、白松香、月桂樹等。

作者為日本知名芳療師，受過完整的專業芳療訓練，透過學院扎實的訓練課程，將基礎知識與實際經驗結合，讓一般人都能輕鬆運用精油芳療，提升自我的療癒力。

里山生活實踐術

友善運用山林X土地X溪流，動手蓋房子、有機種植、造土窯的永續生活方案

大內正伸／圖文，陳盈燕／譯

定價：399元

什麼是「里山」？

「里山」一詞乃源於日文「Satoyama」的發音，意指在鄰里附近的山林、平原。透過永續的生態保育以及結合當地自然資源的生活方式，與土地產 生互動，即是 「里山生活」的表現。

- 認識里山精神：學習友善環境的生存之道，重新找回與土地間的聯結。
- 生態工法智慧：教您如何設計魚道讓魚兒迴游、打造水田群落環境、不傷害自然的擋土工法、石牆堆砌。
- 實踐永續生活：分享如何運用自然素材，動手打造環保披薩窯，還有自製堆肥、設置讓微生物回歸的環保廁所。
- 詳細圖解說明：舉凡搭蓋小屋棚架、爐灶、山泉水管線引取皆有插圖及解說，讓您更加理解各種應用原理及方法。

里山體驗活動獨家抽獎

凡購買《里山生活實踐術》的讀者，只要於2014/10/15前將讀者回函卡寄回（免貼郵票），即可參加「野趣里山炊」活動抽獎（價值1360元）。 得獎者可全程免費參與本體驗活動，並免費攜伴同行（第2人以上每人酌收680元活動費）。

國家圖書館出版品預行編目資料

臺灣有機茶地圖 / 葉思吟, 吳治華作.
-- 初版. -- 臺中市 : 晨星, 2014.10
面；　公分. -- (臺灣地圖 ; 34)
ISBN 978-986-177-909-6(平裝)

1.製茶 2.茶葉 3.臺灣

439.4　　　　103014238

台灣地圖034

台灣有機茶地圖

作者｜葉思吟・吳治華
攝影｜葉思吟
主編｜徐惠雅
執行編輯｜胡文青
校對｜胡文青、葉思吟、吳治華、沈詠潔
插圖｜王顧明
美術編輯｜林恒如
封面設計｜黃聖文

創辦人｜陳銘民
發行所｜晨星出版有限公司
台中市407工業區30路1號
TEL：(04)23595820　FAX：(04)23550581
E-mail：service@morningstar.com.tw
http：//www.morningstar.com.tw
行政院新聞局局版台業字第2500號
法律顧問｜甘龍強律師
初版｜西元2014年10月23日
郵政劃撥｜22326758（晨星出版有限公司）
讀者服務專線｜04-23595819#230

印刷｜上好印刷股份有限公司

定價 450元
ISBN　978-986-177-909-6
Published by Morning Star Publishing Inc.
Printed in Taiwan

◆讀者回函卡◆

以下資料或許太過繁瑣，但卻是我們了解您的唯一途徑，

誠摯期待能與您在下一本書中相逢，讓我們一起從閱讀中尋找樂趣吧！

姓名：＿＿＿＿＿＿＿＿ 性別：□ 男 □ 女 生日： / /

教育程度：＿＿＿＿＿＿

職業：□ 學生 □ 教師 □ 內勤職員 □ 家庭主婦

□ 企業主管 □ 服務業 □ 製造業 □ 醫藥護理

□ 軍警 □ 資訊業 □ 銷售業務 □ 其他＿＿＿＿

E-mail：＿＿＿＿＿＿＿＿ 聯絡電話：＿＿＿＿＿＿

聯絡地址：□□□＿＿＿＿＿＿＿＿＿＿

購買書名：台灣有機茶地圖

・誘使您購買此書的原因？

□ 於＿＿＿＿書店尋找新知時 □ 看＿＿＿＿報時瞄到 □ 受海報或文案吸引

□ 翻閱＿＿＿＿雜誌時 □ 親朋好友拍胸脯保證 □＿＿＿＿電台DJ熱情推薦

□電子報的新書資訊看起來很有趣 □對晨星自然FB的分享有興趣 □瀏覽晨星網站時看到的

□ 其他編輯萬萬想不到的過程：＿＿＿＿＿＿＿＿

・本書中最吸引您的是哪一篇文章或哪一段話呢?＿＿＿＿＿＿＿＿

・對於本書的評分?（請填代號：1.很滿意 2.ok啦！ 3.尚可 4.需改進）

□ 封面設計＿＿＿＿ □尺寸規格＿＿＿＿ □版面編排＿＿＿＿ □字體大小＿＿＿＿

□內容＿＿＿＿ □文／譯筆＿＿＿＿ □其他＿＿＿＿

・下列出版品中，哪個題材最能引起您的興趣呢?

台灣自然圖鑑：□植物 □哺乳類 □魚類 □鳥類 □蝴蝶 □昆蟲 □爬蟲類 □其他＿＿＿＿

飼養＆觀察：□植物 □哺乳類 □魚類 □鳥類 □蝴蝶 □昆蟲 □爬蟲類 □其他＿＿＿＿

台灣地圖：□自然 □昆蟲 □兩棲動物 □地形 □人文 □其他＿＿＿＿

自然公園：□自然文學 □環境關懷 □環境議題 □自然觀點 □人物傳記 □其他＿＿＿＿

生態館：□植物生態 □動物生態 □生態攝影 □地形景觀 □其他＿＿＿＿

台灣原住民文學：□史地 □傳記 □宗教祭典 □文化 □傳說 □音樂 □其他＿＿＿＿

自然生活家：□自然風DIY手作 □登山 □園藝 □觀星 □其他＿＿＿＿

・除上述系列外，您還希望編輯們規畫哪些和自然人文題材有關的書籍呢?＿＿＿＿＿＿

・您最常到哪個通路購買書籍呢? □博客來 □誠品書店 □金石堂 □其他

很高興您選擇了晨星出版社，陪伴您一同享受閱讀及學習的樂趣。只要您將此回函郵寄回本社，我們將不定期提供最新的出版及優惠訊息給您，謝謝！

若行有餘力，也請不吝賜教，好讓我們可以出版更多更好的書！

・其他意見：＿＿＿＿＿＿＿＿＿＿

晨星出版有限公司 編輯群，感謝您！

請填妥對折裝訂，直接投郵即可，免貼郵票

廣告回函
台灣中區郵政管理局
登記證第267號
免貼郵票

407
台中市工業區30路1號

晨星出版有限公司

請沿虛線摺下裝訂，謝謝！

回函好禮送！

凡填妥問卷後寄回晨星，並隨附70元郵票（工本費），
馬上送《植物遊樂園》限量好書

發現植物觀察的奧祕和玩樂植物世界的樂趣
在遊戲中輕鬆學習植物知識
易懂易學的植物觀察與利用訣竅
300餘幅植物生態手繪記錄圖

f 晨星自然

天文、動物、植物、登山、生態攝影、自然風DIY……各種最新最夯的自然大小事，盡在「晨星自然」臉書，快點加入吧！

f 搜尋 / 晨星圖解台灣

台灣文化大小事，以圖解與視覺方式精采呈現
邀請您加入臉書行列